Expedition Rheinland

16 spannende Wanderungen
durch die Erdgeschichte

Sven von Loga

Expedition Rheinland

16 spannende Wanderungen durch die Erdgeschichte

J.P. Bachem Verlag

Bildnachweis
Alle Fotos: Sven von Loga, außer:
Martina Schultze: 14, 18, 19
Frank Landsberg: 106, 109 oben,110
Andreas Nau: 124, 127, 128, 129
Elke Dahl: 10, 39, 40 oben, 41, 42 oben, 97, 146, 149
Michael Pferrer: 49, 96
Titelbild: fotolia/fotoping

Die Adressen und Angaben im Serviceteil des Buchs wurden vom Autor sorgfältig recherchiert und vom Verlag geprüft. Wir bitten um Verständnis, dass Verlag und Autor keine Garantie für die Richtigkeit der Angaben übernehmen können. Für Korrekturhinweise sind wir sehr dankbar.

Bibliografische Information der Deutschen Nationalbibliothek
Die Deutsche Nationalbibliothek verzeichnet diese Publikation in der Deutschen Nationalbibliografie; detaillierte bibliografische Daten sind im Internet über **http://dnb.dnb.de** abrufbar.

1. Auflage 2016

Lektorat: Christiane Martin, Köln
Layout: Cindy Kinze, Köln
Karten: Geoinformationen © Outdooractive
Deutschland: © GeoBasis-DE / BKG 2016
Weitere Länder: © OpenStreetMap (ODbL) – Mitwirkende
(www.openstreetmap.org/copyright)
Druck: Grafisches Centrum Cuno, Calbe
Printed in Germany

ISBN 978-3-7616-3144-7 Buchausgabe
ISBN 978-3-7616-3116-4 EPUB
ISBN 978-3-7616-3117-1 PDF
ISBN 978-3-7616-3118-8 MOBI

Aktuelle Programminformationen finden Sie unter:
www.bachem.de/verlag

Auch als eBook erhältlich

FSC www.fsc.org
MIX
Papier aus verantwortungsvollen Quellen
FSC® C043106

Inhalt

Einleitung 8

TOUR 1 14
Im Reich der Seelilien
Lindlarer Grauwacke
Schwierigkeitsgrad: mittelschwer
Streckenlänge: 10 km

TOUR 2 24
Versteinerte Riffe in Bergisch Gladbach
Herrenstrunden – Schlade
Schwierigkeitsgrad: mittelschwer
Streckenlänge: 8 km

TOUR 3 36
Durch die Erdgeschichte des Ahrtals
Altenahr – Schrock – Teufelsley
Schwierigkeitsgrad: schwer
Streckenlänge: 12 km

TOUR 4 46
Ein stecken gebliebener Vulkan
Landskrone bei Bad Neuenahr-Ahrweiler
Schwierigkeitsgrad: mittelschwer
Streckenlänge: 12 km

TOUR 5 56
Erzbergbau im Bensberger Revier
Lüderich
Schwierigkeitsgrad: mittelschwer
Streckenlänge: 12 km

TOUR 6 66
Die roten Wüstensande des Rheinlands
Buntsandstein bei Nideggen mit Exkurs zu den Katzensteinen
Schwierigkeitsgrad: mittelschwer
Streckenlänge: 10 km

TOUR 7 78
Durch das Rheinische Braunkohlegebiet
Sophienhöhe
Schwierigkeitsgrad: mittelschwer
Streckenlänge: 13 km

TOUR 8 90
Über Subvulkane und durch tiefe Täler
Siebengebirge
Schwierigkeitsgrad: mittelschwer bis anspruchsvoll
Streckenläng: 11 bis 15 km

TOUR 9 102
Vom Rhein freigewaschene Basalte
Erpeler Ley
Schwierigkeitsgrad: mittelschwer
Streckenlänge: 13 km

TOUR 10 112
Mit Blick auf das Siebengebirge
Drachenfelser Ländchen
Schwierigkeitsgrad: mittelschwer
Streckenlänge: 13 km

TOUR 11 124
Abstieg in die Unterwelt
Kluterthöhle und Klutertberg bei Ennepetal
Schwierigkeitsgrad: leicht
Streckenlänge: 9 km

TOUR 12 134
Durch die Lavaströme der Osteifel
Ettringen
Schwierigkeitsgrad: anspruchsvoll
Streckenlänge: 17 km

TOUR 13 146
Ein zu weit nördlich gelegener Vulkan
Rodderberg
Schwierigkeitsgrad: leicht
Streckenlänge: 5 km

TOUR 14 158
Über Sanddünen und Quarzit
Wahner Heide
Schwierigkeitsgrad: leicht
Streckenlänge: 10 km

TOUR 15 168
Niederterrasse und Grundgebirge
Königsforst zwischen Rath und Rösrath
Schwierigkeitsgrad: leicht
Streckenlänge: 13 km

TOUR 16 178
Schätze am Rheinufer
Porz-Langel
Schwierigkeitsgrad: leicht
Streckenlänge: 6 km

Glossar 188

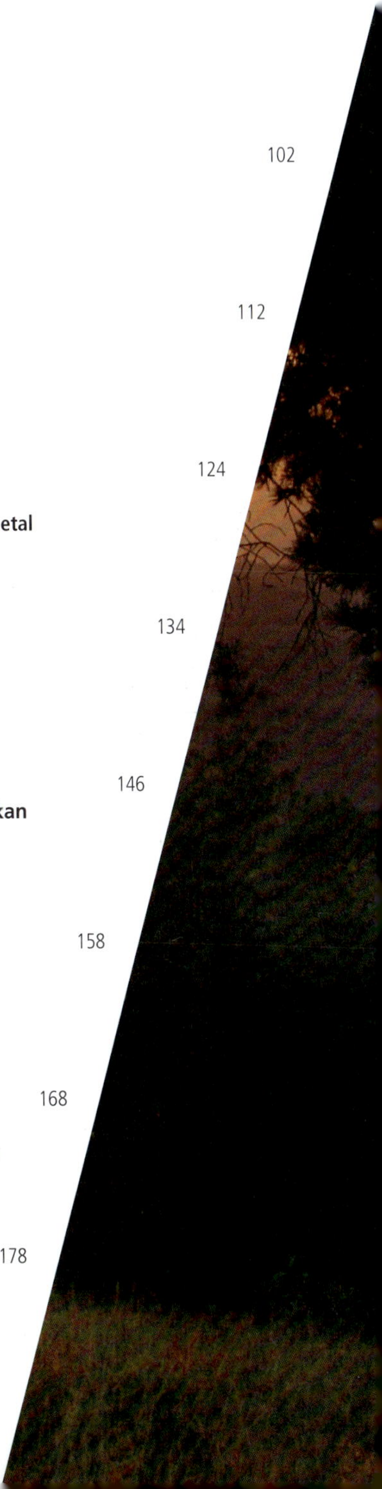

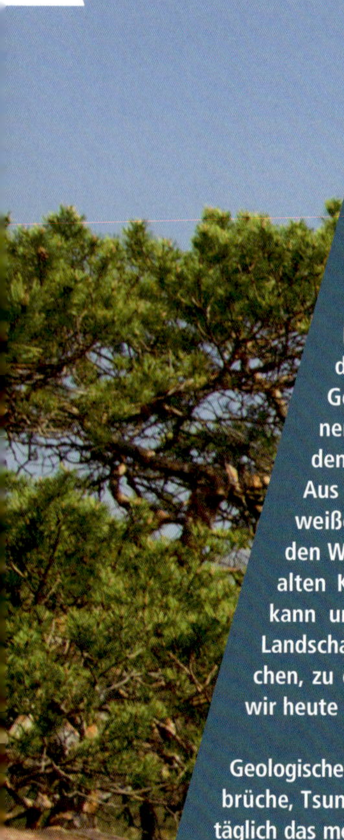

Einleitung

Die Geologie ist die Grundlage der Landschaft und des Lebens. Erst kamen die Gesteine, später die Pflanzen und Tiere. Auch heute wird das menschliche Leben mehr von der Geologie bestimmt, als so manch einer denkt. Aus Gesteinen werden Böden, die bestimmen, was darauf wächst. Aus Vulkanen werden Autobahnen, aus weißen Meeressanden der Vorzeit werden Weinflaschen und aus Millionen Jahre alten Korallenriffen wird Zement. All dies kann uns bewusst werden, wenn wir die Landschaft geologisch betrachten und versuchen, zu ergründen, wie der Boden, auf dem wir heute wandern, entstanden ist.

Geologische Vorgänge wie Erdbeben, Vulkanausbrüche, Tsunamis und Hochwasser beeinflussen täglich das menschliche Leben. Und auch in historischer Zeit waren diese erdgeschichtlichen Ereignisse für unser heutiges Leben und für unsere Kultur oft von entscheidender Bedeutung. Im Erdaltertum vor 400 Millionen Jahren bildeten sich Vererzungen, die die Grundlage des Bergbaus und der Industrialisierung bildeten. Die Vulkane des Siebengebirges lieferten das Baumaterial für den Kölner Dom, die romanischen Kirchen Kölns und das Bonner Münster. Ohne den Jahrtausende andauernden Basaltabbau in der Osteifel hätte es keine Mühlsteine gegeben, mit denen schon die Römer Getreide mahlten, um Brot zu backen. Ohne die karbonischen Steinkohlelagerstätten des Ruhrgebiets hätten keine Dampfmaschinen betrieben werden können. Ohne Lagerstätten von Seltenen Erden gäbe es keine Handys. Diese Liste ließe sich lang fortsetzen.

Während Naturschützer und Ökologen den Gesteinsabbau oftmals als landschaftszerstörend und umweltschädlich bezeichnen, freuen sich Geologen über jedes Loch in der Erde – je größer, desto besser. Auf einer blühenden Blumenwiese lassen sich nun mal keine

Informationen über die Gesteine unter ihr gewinnen. Ein Steinbruch, ein Tagebau und ein zur Hälfte abgebaggerter Vulkankegel – das sind Bilderbücher der Erdgeschichte, die uns verraten, wie es unter unseren Füßen aussieht und wie sich der Untergrund im Laufe der Zeit entwickelt hat. Viele Jahre nach dem Ende des Abbaus finden die Bergbauwunden in der Erde auch die Begeisterung der Naturschützer, denn fast jeder alte Steinbruch ist heutzutage ein wichtiges Biotop, in dem seltene Pflanzen wachsen, Amphibien laichen und Vögel wie Uhus und Eisvögel einen Brutplatz finden.

Wer Gesteine betrachten will, sollte stets einen Hammer dabeihaben, denn Gesteine zeigen nur an frischen Bruchkanten typische Eigenschaften. Alte Gesteinsoberflächen können durch Umwelteinflüsse verändert sein. Aber Vorsicht: An Natur- und Kulturdenkmälern darf nicht gehämmert werden.

Mit diesem Führer gehen wir auf Exkursion und schauen uns die Entstehungsgeschichte des Rheinlands im Laufe der Erdgeschichte an einigen schönen Beispielen an. Mit Tour 1 beginnen wir in den ältesten Gesteinen des Exkursionsgebiets und folgen der Erdgeschichte in immer jüngere Formationen. Tour 16 schließlich zeigt uns das Pleistozän, das Eiszeitalter mit seinen Ablagerungen, das erst vor 10.000 Jahren endete.

Grundlagen der Geologie des Rheinlands

In der Geologie ist die Dimension Zeit sehr wichtig – Kontinente wandern, Gebirge türmen sich auf und verwittern wieder. Aber kein Mensch kann diese Vorgänge beobachten, sie laufen in der Regel ganz langsam ab. Bewegungen von 1 bis 2 Zentimetern im Jahr sind normal.

Die ältesten Gesteine des Rheinlands sind die des Unterdevons im Rheinischen Schiefergebirge. Vor 400 Millionen Jahren, im Erdzeitalter Devon, lag die gesamte rheinische Region etwas südlich des Äquators, und durch plattentektonische Bewegungen wanderte das Gebiet dann langsam in Richtung Norden. Nördlich der heutigen rheinischen Region lag ein alter Kontinent, Old-Red-Kontinent genannt, dessen Gesteine im Laufe von Millionen von Jahren verwitterten. Zu dieser Zeit gab es auf der Erde noch keine Vegetation auf dem Land, nur in den Meeren breiteten sich Algenwälder aus, die bereits Fotosynthese betrieben. Im Unterdevon produzierten die Meerespflanzen so viel O_2, dass es in der Erdatmosphäre erstmalig freien Sauerstoff gab. In der Erdkruste ist eines der häufigsten Elemente das Eisen, das nun vom freien Sauerstoff oxidiert wurde, der Kontinent im Norden verrostete regelrecht – daher auch sein Name „Old-Red-Kontinent“. Das Verwitterungsmaterial wurde in Form von Sandkörnern durch große Fluss-Systeme in das südlich des Kontinents gelegene Meer gespült und bildete dort bis zu 10.000 Meter mächtige Sedimente, aus denen Sandsteine und Schiefer wurden.

Die Drift der afrikanischen Platte nach Norden schob die Sedimentgesteine im devonischen Meeresbecken zusammen und verfaltete sie, das variszische Gebirge entstand. Im Unterkarbon vor etwa 350 Millionen Jahren türmte sich dann ein 500 Kilometer breites Faltengebirge auf, vielleicht so hoch wie die Alpen, das im Oberkarbon vor etwa 290 Millionen Jahren wieder abgetragen wurde. An seinen nördlichen

Rändern bildeten sich große Sümpfe, aus denen die Steinkohlelagerstätten entstanden. Die Reste dieses Gebirges sind das französische Zentralplateau, Eifel und Sauerland und die polnischen Mittelgebirge. Im Perm kam es im heutigen Saar-Nahe-Bergland zu riesigen Vulkanausbrüchen, Lavadecken von weit über 100 Metern Mächtigkeit bildeten sich. Gasblasen in diesen Vulkaniten wurden zu Hohlräumen im Gestein, die sich später mit Achat und Amethyst füllten. In den Kiesen der Niederrheinischen Bucht finden wir die Achatmandeln des Saar-Nahe-Gebiets, denn die Nahe bringt sie in den Rhein.

Vor 250 Millionen Jahren war das Gebiet der heutigen Eifel ein trockenes heißes Wüstengebiet, von einem im Ardennenraum gelegenen Festland wurde Verwitterungsschutt nach Osten transportiert. Mächtige Konglomerate wurden abgelagert, daneben aber auch Wüstensande und Fluss-Sedimente, durch die der **Eifelosaurus** kroch.

Im Tertiär vor 40 Millionen Jahren entwickelten sich allmählich die Landschaftsstrukturen, die auch heute noch das Bild des Rheinlands bestimmen. Vor 30 Millionen Jahren zog ein Riss durch Europa. Von Süden her – die Alpen gab es damals noch nicht – öffnet sich ein Grabenbruchsystem, zu dem auch der Oberrheingraben gehört. Das Urmittelmeer Tethys drang darin nach Norden vor. Ein zweiter Riss dieses Grabenbruchsystems zog durch das Rheinische Schiefergebirge, auf ihm bildet sich viel später das Mittelrheintal, und als Fortsetzung brach die Niederrheinische Bucht ein. Von Brohl am Rhein ausgehend sank zwischen der Eifel im Westen und dem Bergischen Land im Osten die Erde an großen Bruchzonen nach unten, während sich das Rheinische Schiefergebirge leicht anhob. In dieses Senkungsgebiet drang die Nordsee vor, die somit vor 25 Millionen Jahren beim heutigen Bonn an das Festland brandete. In der Eifel brachen zahlreiche Vulkane aus, ebenso kam es im Raum des heutigen Siebengebirges zu gewaltigen Vulkanaus-

brüchen. Im Vorland des Festlands in den Deltagebieten des Rheins entwickelten sich riesige Sümpfe, aus denen die rheinischen Braunkohlen entstanden.

Den Rhein übrigens gab es zu dieser Zeit noch nicht – zumindest nicht in der uns heute bekannten Form. Vor 25 Millionen Jahren existierte der sogenannte Brohler Rhein, er entsprang bei Brohl und mündete bei Bonn in die Nordsee. Ganze 50 Kilometer war er lang. Das Mittelrheintal gab es noch nicht, der Rhein floss oben auf dem Rheinischen Schiefergebirge. Im Bereich des heutigen Oberlaufs floss das Wasser meist nach Süden ab, die Alpen standen noch nicht im Weg. Erst im Miozän vor 20 Millionen Jahren hoben sich die Alpen allmählich an, die Gewässer flossen nun nach Norden, der Rhein verlängerte sich bis ins Kaiserstuhlgebiet – man spricht in diesem Zusammenhang vom Kaiserstühler Rhein. Bis vor 5 Millionen Jahren war jedoch die Mosel eher der Hauptfluss, während der Rhein ab dem heutigen Koblenz nach Norden hin eher ein Nebenfluss des Mosel-Rhein-Systems war. Das änderte sich, als vor 1 Million Jahren die verstärkte Hebung der Westalpen begann. Auch die Aare entwässerte nun nach Norden und bildete zu dieser Zeit sozusagen den Oberlauf des Rheins, der Alpenrhein floss noch in die Donau. Erst vor 500.000 Jahren wurde der Alpenrhein zum Oberlauf des Rheins, jetzt nahm der Rhein seine heutige Form und Länge an und wurde zum mächtigsten Strom Mitteleuropas. Aber immer noch floss er über die Eifel hinweg. Vor 1 Million Jahren floss auch die Ahr noch nach Norden, später wandte sie sich nach Osten, schuf allmählich das Ahrtal, um dann bei Sinzig in den Rhein zu münden. Erst vor 400.000 Jahren hob sich das Rheinische Schiefergebirge erneut langsam an, der Rhein grub sich im Grabenbruch in die harten Gesteine des devonischen Grundgebirges ein: Das Mittelrheintal entstand.

Noch einmal verändert wurde die Landschaft seither durch den ebenfalls erneut einsetzenden Vulkanismus der Eifel. Hunderte von Vulkanen brachen dort in den letzten 400.000 Jahren aus, der letzte, der das Ulmener Maar entstehen ließ, erst vor 11.000 Jahren. Der gewaltige Ausbruch des Laacher-See-Vulkans vor 12.800 Jahren staute gar für einige Zeit den Rhein auf. Die Lava des Laacher Vulkans können wir heute überall am Rheinlauf einsammeln: leichter Bims, der auf dem Wasser schwimmen kann.

Danksagung

Zum Schluss noch eine Anmerkung: Kurz vor Fertigstellung dieses Manuskripts trat ich auf einer Wanderung in ein Loch, die Folge war ein Bänderriss – Wandern war in den beiden kommenden Monaten nicht mehr möglich. Für einige Touren standen aber noch die letzten Geländearbeiten aus. Gute Freunde und Bekannte haben sich auf den Weg gemacht und noch einmal überprüft, ob die ausgearbeiteten Wege alle noch begehbar sind, und letzte Fotos geschossen. Ohne sie wäre das Manuskript nicht pünktlich beim Verlag eingegangen.

Ich danke deshalb Elke Dahl aus Wachtberg-Niederbachem, Frank Landsberg aus Rheinbreitbach, Andreas Nau aus Ennepetal und Martina Schultze aus Leverkusen-Hitdorf.

Michael Pferrer aus Köln-Vogelsang, der mit dem Gyrokopter regelmäßig über das Rheinland fliegt, danke ich für die Luftbilder.

Sven von Loga

TOUR 1

Im Reich der Seelilien

Lindlarer Grauwacke

Der Aussichtsplatz am Rande des großen Steinbruchs auf dem Brungerst

Der Ort Lindlar im Oberbergischen Land ist aus geologischer Sicht den meisten Menschen im Rheinland bekannt, auch wenn es ihnen vielleicht gar nicht bewusst ist. Denn aus den hiesigen Steinbrüchen stammt die Lindlarer Grauwacke, die überall in der Region vorkommt – als Pflasterstein, als Gartenmauer oder Wegplatte. Und sie ist oftmals voller Fossilien. Die Lindlarer Grauwacke ist eines der am häufigsten verbauten regionalen Gesteine und aufgrund ihres Fossilreichtums leicht zu erkennen. Wir begeben uns auf die Spuren ihrer Entstehung vor 400 Millionen Jahren und besuchen ihre Abbaugebiete, zum Beispiel auf dem Berg Brungerst, wo seit 1633 Grauwacke abgebaut wird.

Wir starten auf dem **Marktplatz** in Lindlar, ein großer Supermarkt bietet hier noch die Möglichkeit, vor der Tour für ein Picknick einzukaufen. Direkt am **Steenkühler-Brunnen** mit der trinkenden Ziege startet der **Steinhauerpfad**, eine weiße „8" auf rotem Grund weist uns zunächst den Weg. Dieser Markierung folgen wir bis auf Weiteres. Allerdings machen wir schon nach 200 Metern einen kurzen Abstecher zur **Kirche Sankt Severin**. Diese Kirche ist komplett aus Lindlarer Grauwacke erbaut und bietet ein sehr schönes Beispiel dafür, wie sich regionale Gesteine für prachtvolle Bauwerke nutzen lassen. In Zukunft werden uns Bauwerke aus Lindlarer Grauwacke überall im Bergischen Land auffallen, und wer unsicher ist, ob es dieses Gestein ist, der geht auf Fossiliensuche (bitte ohne Hammer) und untersucht das Gestein auf Crinoiden-Stielglieder, die für das Gestein typisch sind.
Wir folgen dem Steinhauerpfad in die Eichenhofstraße, wo er nach 300 Metern nach links über einen Spielplatz abbiegt, und dann über die Bahnhofstraße, an deren Ende er nach rechts abbiegt und am großen Steinbruch auf dem Brungerst vorbeiführt. Kurz nachdem wir den Waldrand erreicht haben, steht links des Wegs eine Bank, von der aus wir eine herrliche Aussicht über das Bergische Land haben. Kurz danach halten wir uns an einer Weggabelung rechts und achten dann auf einen Pfad rechts in den Wald hinein. Er führt uns zu einem gewaltigen Grauwacketor, das die „Bergische Grauwacke Steinbruchbetriebsgesellschaft" – kurz BGS – dort errichtet hat. Hier können wir einen Blick in den gewaltigen **Steinbruch** riskieren, sehen den Abbau und auch die Lindlarer **„Legowand"**, eine 10 Meter hohe Kletterwand aus riesigen Grauwackeblöcken, die der Steinbruchbetreiber errichtet hat und der Öffentlichkeit zum Klettern zur Verfügung stellt. Betreut wird die

Blick über die Grauwackesteinbrüche auf dem Berg Brungerst

CRINOIDEN

Die heute bis auf 25 Arten ausgestorbene Tiergruppe der Crinoiden war im Erdzeitalter Devon in den Meeren weit verbreitet. Seelilien nennt sie der Volksmund aufgrund ihres Aussehens, dennoch sind es Tiere, die zoologisch gemeinsam mit Seeigeln, Seegurken und Seesternen in die Gruppe der Stachelhäuter gehören. Die letzten überlebenden Arten sind Tiefseebewohner und uns deshalb kaum bekannt. Seesterne jedoch kennen wir gut von Strand und Meeresküste. Eher unwissenschaftlich beschrieben sieht eine Seelilie wie ein umgedrehter Seestern mit einem langen Stiel und einer Wurzel aus, die am Boden befestigt ist. Die „Arme" der Seelilie filtrieren aus dem Wasser Plankton. Der Stiel besteht aus vielen kleinen Calcitscheibchen ($CaCO_3$), umgeben von einer stacheligen Haut. Stirbt das Tier, verwest die Haut, die Scheibchen bleiben übrig, der Stiel zerfällt in die einzelnen Scheibchen, die als Fossilien im Sediment erhalten bleiben. Oftmals werden die Seelilienstielglieder auch als Bonifatiuspfennige bezeichnet.

Kletterwand von der Gummersbacher Sektion des Deutschen Alpenvereins (www.dav-gummersbach.de/lindlarer-legowand).
Vom Grauwacketor aus geht es zurück auf den Wanderweg, wir biegen nach rechts ab und folgen dem Weg etwa 700 Meter, bis wiederum ein Pfad nach rechts abbiegt. Ein sehr großer Grauwackeklotz liegt mitten im Weg, und eine kleine Hinweistafel zeigt, dass es hier entlang zu einem **Aussichtspunkt** geht. Nach 300 Metern haben wir diesen erreicht und haben von hier einen großartigen Ausblick über den Grauwackesteinbruch und das Bergische Land bis hinein in die Kölner Bucht. Dies ist auch ein schöner Platz für ein Picknick, um die Ausblicke lange genießen zu können und ein wenig über die Entstehung der Grauwacke nachdenken zu können.
Wie schon in der Einleitung beschrieben, lag unser gesamtes Exkursionsgebiet vor 400 Millionen Jahren etwas unterhalb des Äquators in einem tropischen Meeresbereich. Vom Old-Red-Kontinent im Norden wurde sandiges Material geliefert, und in diesem Meer wuchsen riesige Seelilienwälder. Aus den Sanden, die im Mitteldevon dort abgelagert wurden, bildete sich die Grauwacke. Grauwacken gehören also zu

Durch das Grauwacketor gelangt man in den Steinbruch.

den Sandsteinen. Das Ursprungsmaterial der bergischen Grauwacken wurde von Flüssen ins Meer transportiert und dort am Kontinentalabhang (Kontinentalschelf) abgelagert. Irgendwann wurde der Böschungswinkel zu steil, die Sedimente wurden instabil und rutschten als Trübestrom ins tiefere Meer hinab. Solch ein Trübestrom konnte durchaus mehrere Hundert Kilometer lang sein. Wenn das Material

Die sogenannte Lindlarer Legowand, eine Kletterwand aus Grauwackequadern

dann wieder sedimentiert, nennt man es **Turbidit**. Kennzeichnend dafür ist die gradierte Schichtung, das heißt, zuerst lagern sich grobkörnige Sedimente wie Kiese ab, nach oben hin werden die Sedimente immer feiner. Jeder kann zu Hause seinen eigenen Turbidit machen: aus einer Kiesgrube einen Eimer Sediment mitnehmen, gut mischen und in einen wassergefüllten gläsernen Sektkühler kippen. Die Kiese lagern sich sofort unten ab, während feinste Sandpartikel noch lange im Wasser schweben.

Vom Aussichtspunkt gehen wir zurück, am dicken Grauwackeklotz biegen wir nach rechts ab und folgen dem Weg an der nächsten Weggabelung weiter nach rechts. Wir gelangen in ein altes Bergbaugebiet; die Landschaft ist voller alter, zugewachsener Grauwackehalden. An einem kleinen **Rastplatz** mit einer Infotafel über das heutige Tierleben im Steinbruch sehen wir einige Steinkuhlen, in denen die Steinbrecher in historischer Zeit Grauwacke abbauten. Diese Abbaukuhlen aus früheren Zeiten sind kein Vergleich zu den heutigen Steinbrüchen, die mit Sprengstoff und gewaltigen Maschinen geschaffen werden. Früher wurde allein mit Hammer und Meißel gearbeitet und das Material mit der Schubkarre abtransportiert.

Wir folgen dem Steinhauerpfad noch ein bisschen weiter, kommen an den Fundamenten alter Wohnhäuser vorbei und stehen schließlich auf einem Fahrweg oberhalb der Betriebsgebäude von zwei weiteren Steinbrüchen.

Mächtige Grauwackeblöcke liegen im Abbaugebiet auf dem Brungerst.

ABKÜRZUNG

Wer nur eine kürzere Tour von etwa 5 Kilometern gehen möchte, biegt jetzt nicht nach links ab, sondern geht auf der Straße namens Emeritage geradeaus am Betriebsgebäude vorbei. Immer geradeaus führt der Weg zurück zum Marktplatz in Lindlar.

Nach 100 Metern hangabwärts folgen wir dem Weg nach links zwischen den Steinbrüchen hindurch und verlassen zu Beginn des Birkenwalds (Achtung, nicht vorbeilaufen!) den Steinhauerpfad auf einem kleinen Pfad nach links, der relativ steil bergan führt. An der eingezäunten Weide geht es geradeaus, etwas später passieren wir einen Hochsitz und biegen am Ende der Weide nach links ab, bis wir eine kleine Streuobstwiese an der Ansiedlung **Vorderrübbach** erreichen. Wir gehen rechts und wieder links, folgen dem Weg bis zu einem alten Trafohaus, dort biegen wir rechts ab und folgen der Wanderwegmarkierung „Straße der Arbeit" bis hinter die kleine weiße Kapelle. Hier gehen wir direkt nach rechts bis zum „Outback", einem **Restaurant** mit australischer Küche, australischem Bier und einem Gehege mit Kängurus.

Wir folgen der Straße hinter dem Restaurant, dem Schmiedeweg, hangabwärts, biegen am Ende der Straße nach rechts in die Klauser Straße ab, dann links in den Sattlerweg, der uns an den Waldrand führt. Auf diesem Weg geht es nun immer geradeaus, wir passieren alte Grauwackehalden. Überall können schöne Fossilien zu finden sein, gegenüber einer alten Holzhütte ist ein aufgelassener **Grauwackesteinbruch**.

Hinter diesem Steinbruch biegen wir an der zweiten Möglichkeit nach rechts ab, gehen am Ende des Wegs links durch die Unterführung und dahinter wieder direkt rechts hangaufwärts, bis wir am Ortsrand an einem alten **Wegekreuz** stehen. Wir halten uns rechts, gehen in den

Die Steinbruchwand zeigt kaum oder sehr schlecht geschichtete Sedimente.

Wald hinein, biegen aber vor dem Ende des Walds nach links hangaufwärts ab. Vor einem Zaun führt ein kleiner Pfad nach links zu einem wunderbaren **Aussichtsplatz**.

Wieder zurück auf dem Waldweg folgen wir diesem bis zum Kreisverkehr, an dem regionale Gesteinsarten verarbeitet und erläutert sind. Unser Weg führt in Richtung Ortseingang Lindlar, direkt hinter der Jugendherberge sehen wir rechts den Wegweiser „Fußweg Ortsmitte", dieser Weg führt uns zurück zum **Marktplatz**.

Die Kirche Sankt Severin in Lindlar ist komplett aus Lindlarer Grauwacke erbaut.

INFORMATION

Streckenbeschreibung: in Lindlar auf Straßen, sonst lange Strecken über Waldwege und Pfade

Schwierigkeitsgrad: mittelschwer

Wanderzeit: 3 bis 4 Stunden

Streckenlänge: 10 km (bei Abkürzung ca. 5 km)

Höhenmeter im Anstieg: 235 m

Höhenmeter im Abstieg: 235 m

START- UND ZIELPUNKT

Marktplatz Lindlar

ANFAHRT

Mit dem ÖPNV: diverse Buslinien bis Busbahnhof Lindlar, z. B. von Köln Hbf. mit dem Bus SB 40

Mit dem Auto: Am Marktplatz 1, 51789 Lindlar (Navi)

EINKEHR

Unterwegs bietet sich eine Einkehr in das australische Restaurant „Outback" an.

Outback
Klauser Str. 77
51789 Lindlar
Tel. 02266/90 16 530
www.outback-lindlar.de
Mo. Ruhetag

380 Millionen Jahre alte Fossilien – Abdrücke von Crinoidenstielgliedern

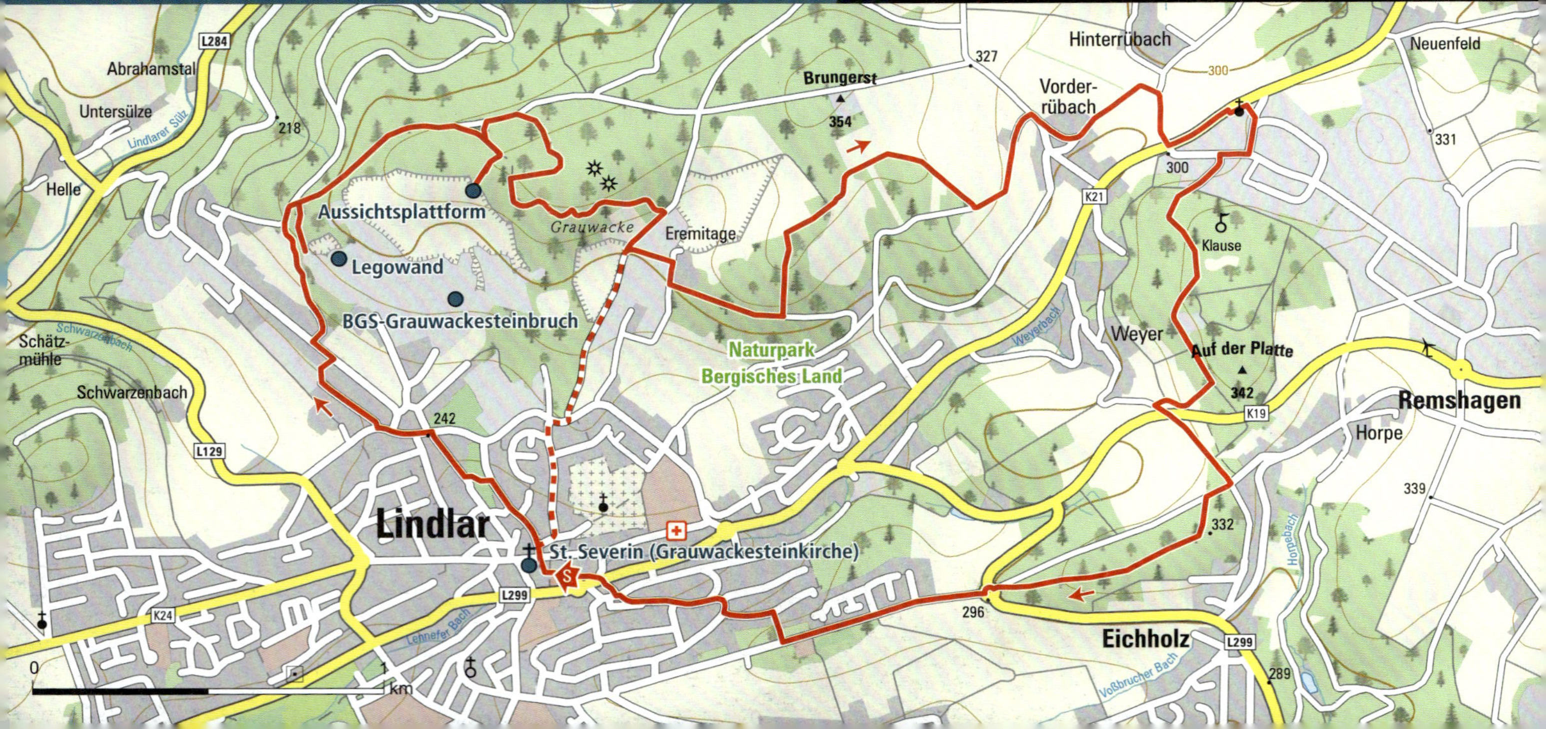

Abrahamstal
Untersülze
Lindlarer Sülz
Helle
218
L284
Brungerst
354
327
Hinterrübach
Vorder-
rübach
300
Neuenfeld
331
K21
Klause
Aussichtsplattform
Legowand
BGS-Grauwackesteinbruch
Grauwacke
Eremitage
Weyer
Weyerbach
Auf der Platte
342
K19
Remshagen
Horpe
339
Horpebach
332
Naturpark
Bergisches Land
Schätz-
mühle
Schwarzenbach
Schwarzenbach
242
L129
Lindlar
St. Severin (Grauwackesteinkirche)
L299
K24
Lennefer Bach
296
Eichholz
L299
289
Voßbrucher Bach
0
1
km

TOUR 2

Versteinerte Riffe in Bergisch Gladbach

Herrenstrunden – Schlade

Nahezu jeder Stein ein Fossil – bemooste Stromatoporen-Blöcke im Steinbruch der Schlade

Vor 400 Millionen Jahren, im Erdzeitalter Devon, lag das Gebiet des heutigen Bergisch Gladbach noch in der Nähe des Äquators. Durch Verschiebung der Erdplatten wanderte es langsam nach Norden, bis es seine heutige Position erreichte. Damals, im Mitteldevon, war das Wasser warm und klar; in diesem tropischen Meer wuchsen gewaltige Korallenriffe – zu vergleichen mit dem heutigen „Great Barrier Reef" vor der Nordküste Australiens. Die versteinerten Riffkörper finden sich heute im Sauerland, im Bergischen Land und in der Eifel. Wir wollen auf dieser Tour die fossilen, 390 Millionen Jahre alten Riffe im Raum Bergisch Gladbach kennenlernen. Seit alten Zeiten ist die Bergisch Gladbach-Paffrather Kalkmulde bekannt für ihren Fossilreichtum. Unsere Wanderung führt von der Strundequelle in Herrenstrunden über die Höhen zu den alten Riffen im Schladetal, die seit Jahrhunderten europaweit bekannte Fossilfundstellen sind.

Die Tour startet am kleineren der beiden Parkplätze, die neben der **Kirche St. Johann Baptist** liegen. Von hier führt ein Weg hinter der Schranke zur **Strundequelle**. Der dort angelegte Quelltopf symbolisiert die Quelle, die in Wirklichkeit vom gesamten Siefen zwischen Herrenstrunden und der weiter oben gelegenen Ortschaft Spitze gebildet wird. Von überall in diesem Tal sammelt sich das Wasser und fließt Richtung Herrenstrunden ab, es wäre also richtiger, von einem Quellgebiet als von einer Quelle zu sprechen. Im Quelltopf steigen immer wieder Gasblasen auf. Es handelt sich um CO_2, das zuvor im Grundwasser gelöst war. Kommt das Wasser aber wie hier an die Erdoberfläche, verringert sich der Druck und das CO_2 wird wieder gasförmig, der gleiche Effekt lässt sich beim Öffnen einer Sprudelflasche beobachten.
Die Platten auf dem Weg vom Parkplatz zur Quelle bestehen ebenso wie die mächtigen Begrenzungssteine aus Lindlarer Grauwacke und kommen aus den Steinbrüchen im Raum Lindlar (Tour 1). Es sind keine Gesteine der Paffrather Kalkmulde.
Von der Quelle gehen wir zurück zur Malteser Komturei, biegen hinter dem **Mühlteich** rechts ab und betrachten von der Brücke aus die wunderschön restaurierte Maltesermühle. Direkt hinter der Mühle biegen wir nach links ab in Richtung **Burg Zweiffel**. Unser Weg führt am Teich von Burg Zweiffel vorbei, an der Straße gehen wir rechts und nach 20 Metern auf der gegenüberliegenden Straßenseite den Wanderweg A1 hangaufwärts.

Die Burg Zweiffel in Herrenstrunden mit zugehörigem Burgweiher

Wir wandern nun durch einen Hohlweg, der auf beiden Seiten und auch am Boden von Dolomitfelsen gebildet wird. Dolomit entsteht, wenn magnesiumreiches Wasser durch Kalk fließt und jedes zweite Calcium-Ion gegen ein Magnesium-Ion ausgetauscht wird. Bei diesem Vorgang der Dolomitisierung werden jegliche Strukturen wie Fossilien zerstört, im Dolomit finden wir deshalb keine Korallen oder Ähnliches. Er ist ein sehr hartes Gestein, bestes Beispiel hierfür sind die sehr verwitterungsresistenten namensgebenden Dolomiten Südtirols.
Nun geht es hinauf auf den **Combüchener Berg**. Oben angekommen fällt der Blick links in ein sanftes Tal mit Kuhweiden. Wie ist dieses Tal wohl entstanden? Im Schwarzwald mit seinen festen Granitgesteinen würde wahrscheinlich ein geröllgefülltes Bachbett durch ein solches Tal verlaufen, hier aber ist nicht die Spur eines Bachs zu erkennen. Denn wir befinden uns in einem Karstgebiet, der Untergrund besteht aus Kalksteinen, in denen das Wasser unterirdisch abfließt.
Nach 100 Metern sehen wir rechts des Wegs einige tiefe Löcher. Bombenkrater? Das vermuten vielleicht manche. Oder Dolinen, Einsturzkrater auf Kalkstein? Nein, es sind sogenannte Pingen, alte Bergwerke. Der Raum Bensberg war einst ein großes und wichtiges Bergbaugebiet, in dem vor allem Eisen-, Blei-, Zink- und Kupfererze abgebaut wurden. Mehr dazu erfahren wird auf der Tour 5. Wir befinden uns im Hauptbetriebsgebiet der ehemaligen **Grube Albert**, in der zwischen 1880 und 1886 Eisenerz abgebaut wurde. In den Combüchener Berg wurde

KARST

Als Karstverwitterung bezeichnet man unterirdische und oberflächliche Verwitterungsformen des Kalksteins, die durch Lösung des Kalks entstanden sind. Kohlendioxid (CO_2) aus der Luft bildet mit dem Wasser (H_20) Kohlensäure (H_2CO_3). Diese sehr schwache Säure löst den Kalkstein langsam auf, der gelöste Kalk wird mit dem abfließenden Wasser wegtransportiert und landet letztendlich im Meer. Lösungsverwitterung beginnt mit winzig kleinen Ablaufrinnen, die zu großen „Karren" werden können. Selbst durch Haarrisse dringt das lösende Wasser ins Gestein, erweitert die Risse zu Spalten, und bei fortscheitender Lösung können dadurch ganze Höhlensysteme entstehen. Wasser aus Karstquellen ist oftmals verschmutzt, da das Oberflächenwasser einfach durch die Hohlräume des Gesteins hindurchläuft. Eine reinigende Wirkung wie zum Beispiel Sand hat Kalkstein nicht.

ein Stollen getrieben, und oben im Wald wurde ein Schacht abgeteuft. Auch im Tagebau wurde hier Erz abgebaut; einige große, bis zu sechs Meter tiefe Pingen zeugen davon. Verhüttet wurde das Erz in Bergisch Gladbach. Nur noch der Straßenname „Britanniahütte" erinnert daran, dass in Bergisch Gladbach-Gronau ehemals eine große Hütte stand. Damit klärt sich auch die Frage, wie der **Hohlweg** entstanden ist, den wir gerade hinaufgekommen sind. Schwere Fuhrwerke sind von hier oben zu Tal gefahren, haben den Boden umgepflügt, sodass der Regen das Material wegspülen konnte.

Wir folgen dem Wanderweg A1 immer geradeaus auf dem asphaltierten Fahrweg durch die Felder und blicken nach rechts unten in das Schladetal. Es handelt sich um ein Trockental, ein Tal ohne Bach. Doch auch hier fließt das Wasser durch den Karst bedingt unterirdisch ab.

An einer Baumgruppe stoßen wir auf einen **Rastplatz** mit zwei Bänken, direkt dahinter zweigt ein kleiner Pfad nach rechts ab, dem wir über die Lösshochfläche in den Wald hinein folgen. Hier beginnt das **Naturschutzgebiet Schlade**, wie ein Schild am Waldrand zeigt. Gleich stehen wir vor dem Abgrund eines Steinbruchs, gehen den Pfad rechts entlang und den Hang hinunter. Dieser Pfad kann bei Nässe recht rutschig sein, gegebenenfalls sind Trekkingstöcke sinnvoll. Wir folgen dem

Pfad, bis wir unterhalb der Felswand an einem Fußballplatz ankommen und im **Steinbruch Kohlenbusch** stehen. Hier wurden einst Stromatoporen-Kalke abgebaut. Stromatoporen waren im Erdzeitalter Devon die wichtigsten Riffbildner, Korallen waren in devonischen Riffen nur untergeordnet vertreten. Wenn wir die herumliegenden Kalkblöcke genauer untersuchen, erkennen wir neben den dickeren ästigen Korallen hauptsächlich die dünnen ästigen Stromatoporen der Art Amphipora ramosa, von den Menschen der Region stets auch „Spaghettikoralle" genannt. Viele Kalkblöcke erscheinen vom Gestein her jedoch gleichförmig und ziemlich porös, hier wurde der Kalk zu Dolomit umgewandelt, jegliche fossilen Strukturen wurden leider zerstört.

Wir überqueren den Fußballplatz, müssen – zumindest im Sommer – durch einen Wald des wuchernden Drüsigen Springkrauts, halten uns dahinter auf der Straße links, bis am rechten Straßenrand der Eingang in den **Steinbruch Grubenfeld** und eine Infotafel auftauchen. Der recht große Hügel links der Straße ist eine Halde. Das Material, das auf der anderen Straßenseite abgebaut wurde und nicht verwertbar war, wurde hier wieder abgelagert.

Nun durchwandern wir ein fossiles **Korallen- und Stromatoporen-Riff**. Zugegeben – man muss sich etwas einsehen, so ganz einfach sind die Fossilien auf den ersten Blick nicht zu erkennen. Aber wenn das Auge erst einmal daran gewöhnt ist, sehen wir überall Stromatoporen und

Der Hohlweg führt hinauf auf den Combüchener Berg und war einst ein Transportweg für Erze.

Die große Pinge auf dem Combüchener Berg – ein altes Erzabbaugebiet

Korallen. Wer Glück hat, kann auf dem Boden schon mal eine kleine Schnecke oder einen muschelartig aussehenden Brachiopoden finden. Da wir uns im Naturschutzgebiet befinden, ist das Graben nach Fossilien jedoch verboten.

Zunächst stehen wir vor dem **Vorriff**, dem Riffschuttbereich. Untersuchen wir diese erste große Felswand, können wir im Gestein Millionen kleiner zerbrochener Stromatoporen-Ästchen erkennen. Hier donnerte die Brandung gegen das Riff und zertrümmerte immer wieder die wachsenden Stromatoporen. Folgen wir dem Weg, liegt alles voll massiver, teils über einen halben Meter großer rundlicher Knollen. Wir sind im **Blockriff** angekommen, hier an der Vorderseite des Riffs, das auch noch der Brandung ausgesetzt war, wuchsen massive, rundliche Stromatoporen-Arten, die der Gewalt der Brandung besser widerstehen konnten. Obenauf liegen schwarze Tonschichten. Es sind Lagunensedimente. Die Lagune ist der Bereich hinter dem Riff, der durch den Riffkörper von der Bewegung des Meers geschützt ist. Hier lagerte sich feiner Schlamm ab, hier lebten Tiere mit fragilen Gehäusen: kleine Schnecken und Brachiopoden, manchmal krabbelte auch ein kleiner Trilobit herum. Aber wieso liegen hier die **Lagunensedimente** direkt auf dem Blockriff? Dies ist ein gutes Beispiel für die Dimension Zeit, die in der Geologie immer eine wichtige Rolle spielt. Stellen wir uns doch einmal vor, wie sich eine Küstenlandschaft im Laufe von Jahrhunderten verändert. Die Küste verschiebt sich und mit ihr die verschiedenen Lebensräume. Blockriff und Lagunensedimente liegen nun direkt übereinander, sind aber an diesem Ort zu unterschiedlichen Zeiten entstanden.

Im Strundetal nahe der Igeler Mühle fließt die Strunde vollkommen unreguliert.

Wir gehen weiter, an der Treppe vorbei und bis an die hintere Felswand und untersuchen sie genauer. Hier ist alles voll ästiger Korallen und Stromatoporen. Wir sind im Bereich des **Rasenriffs**, wo Korallen und Stromatoporen nicht mehr in stabilen blockartigen Strukturen wachsen, sondern wie Gras auf der Wiese am Boden.
Zurück an der Treppe und wieder oben folgen wir dem Weg. Die Felsen links des Wegs bestehen nun wieder überwiegend aus Stromatoporen. Nach einer Rundtour durch den Steinbruch Grubenfeld kommen wir wieder auf der Straße heraus, halten uns nun links und biegen vor dem Fußballplatz wieder nach rechts ab, gehen nun aber direkt rechts den Weg mit der **Geopfad-Markierun**g hinauf. Auch dieser Weg kann bei Nässe recht rutschig sein. Es geht aufwärts und rechts des Wegs taucht ein großes Loch auf. Wiederum handelt es sich um eine Pinge, auch sie gehörte zur Grube Albert.
Wir folgen dem Weg mit der Geopfad-Markierung, verlassen das Naturschutzgebiet an der Stelle, an der wir es betreten haben, und halten uns hinter dem Feld am **Picknickplatz** auf der Fahrstraße rechts. Am Waldrand biegen wir nach links ab, es geht stetig abwärts durch einen hohen Buchenwald, bis wir an einem Kuhstall wiederum auf einen Fahrweg stoßen, den wir nach rechts bergab gehen. Auf der Kuppe sehen wir einen alten Gutshof, den **Igeler Hof**.
Im Tal angekommen biegen wir nach links ab. Direkt in der Kurve ist der Eingang zu einem weiteren alten **Steinbruch**, in dem wir nun auf ganz andere Sedimente stoßen: deutlich gebankte Plattenkalke. Es sind Sedimente, die vor 385 Millionen Jahren in dem sehr ruhigen Abla-

Ein großer kompakter Stromatopore mit etwa 70 Zentimeter Durchmesser

Blick in den Steinbruch Grubenfeld in der Schlade

gerungsbereich einer Lagune entstanden sind und die bis zu 200 Meter Mächtigkeit erreichen. Die Plattenkalke des Strundetals sind unter Paläontologen weltberühmt. Neben etlichen, sehr gut erhaltenen Fisch- und Krebsarten wurden mehrere Quastenflosser-Arten gefunden. Aus ihnen entwickelten sich im Devon die ersten Amphibien, die aus dem Meer an Land gingen. Noch heute lebt der noch nicht ausgestorbene Quastenflosser Latimeria vor der Küste Madagaskars – ein lebendes Fossil. Die steilstehenden Wände im Steinbruch sind ein versteinerter Lagunenmeeresboden.

Wir verlassen den Steinbruch, gehen links auf den Wanderweg, passieren den Teich und verlassen den Hauptwanderweg nach links hangaufwärts über die kleine **Brücke**, die über einen Bach führt. Links des Wegs liegen wieder zwei große Steinbrüche im Plattenkalk, und mächtige, nahezu senkrecht verstellte Kalkschichten ragen in den Himmel – gerade in der vegetationslosen Zeit kommt dies gut zur Geltung.

An der nächsten Wegkreuzung biegen wir nach rechts ab, erreichen bald die **Igeler Mühle**, untersuchen das Baumaterial der Gebäude und stellen fest, dass es sich um die Plattenkalksteine des Strundetals handelt. Durch die Mühle hindurch und immer an der Strunde entlang führt unser Weg. Kurz vor der Hauptstraße liegt links im Wald eine alte **Pulvermühle**. Diese gab es früher häufig in der Region, hier wurde Schwarzpulver hergestellt. Gelegentlich kam es vor, dass so eine Pulvermühle explodierte, weshalb sie gegen die nächsten Wohngebäude immer durch einen kräftigen Erdwall getrennt war – so wie es auch hier der Fall ist.

Auf der Hauptstraße halten wir uns links und folgen ihr, bis wir wieder in Herrenstrunden am **Parkplatz** stehen. Wer möchte, kann nun noch einen kleinen Abstecher zur unweit im Wald gelegenen **Zwergenhöhle** machen. Der Weg, an dem sich ebenfalls sehr gut die ästigen Stromatoporen Amphipora betrachten lassen, ist von der Strundequelle an ausgeschildert und dauert etwa 15 Minuten.

INFORMATION

Streckenbeschreibung: überwiegend Waldwege, teils kleine Pfade, nur zum Ende hin an der Straße entlang

Schwierigkeitsgrad: mittelschwer

Wanderzeit: 4 Stunden

Streckenlänge: 8 km

Höhenmeter im Anstieg: 190 m

Höhenmeter im Abstieg: 190 m

START- UND ZIELPUNKT

Parkplatz an der Strundequelle bei der Kirche St. Johann Baptist in Herrenstrunden

ANFAHRT

Mit dem ÖPNV: Buslinie 427 vom Busbahnhof Bergisch Gladbach in Richtung Spitze bis Haltstelle „Herrenstrunden Kirche"

Mit dem Auto: Herrenstrunden 32, 51465 Bergisch Gladbach (Navi) Neben der Kirche St. Johann Baptist gegenüber der Malteser Komturei finden sich ausreichend Parkplätze.

EINKEHR

Unterwegs gibt es keine Einkehrmöglichkeit. Nach der Tour bietet sich aber ein Besuch der gegenüber des Parkplatzes gelegenen Malteser Komturei oder des Gasthauses „Zur Quelle der Strunde" an.

Malteser Komturei
Hotel & Restaurant
Herrenstrunden 23
51465 Bergisch Gladbach
Tel. 02202-95 97 80
www.malteser-komturei.de
Mo./Di. Ruhetage

Zur Quelle der Strunde
Herrenstrunden 31
51465 Bergisch Gladbach
Tel. 02202-18 82 301
www.zurquellederstrunde.de

In der Strundequelle steigen Kohlendioxidblasen auf.

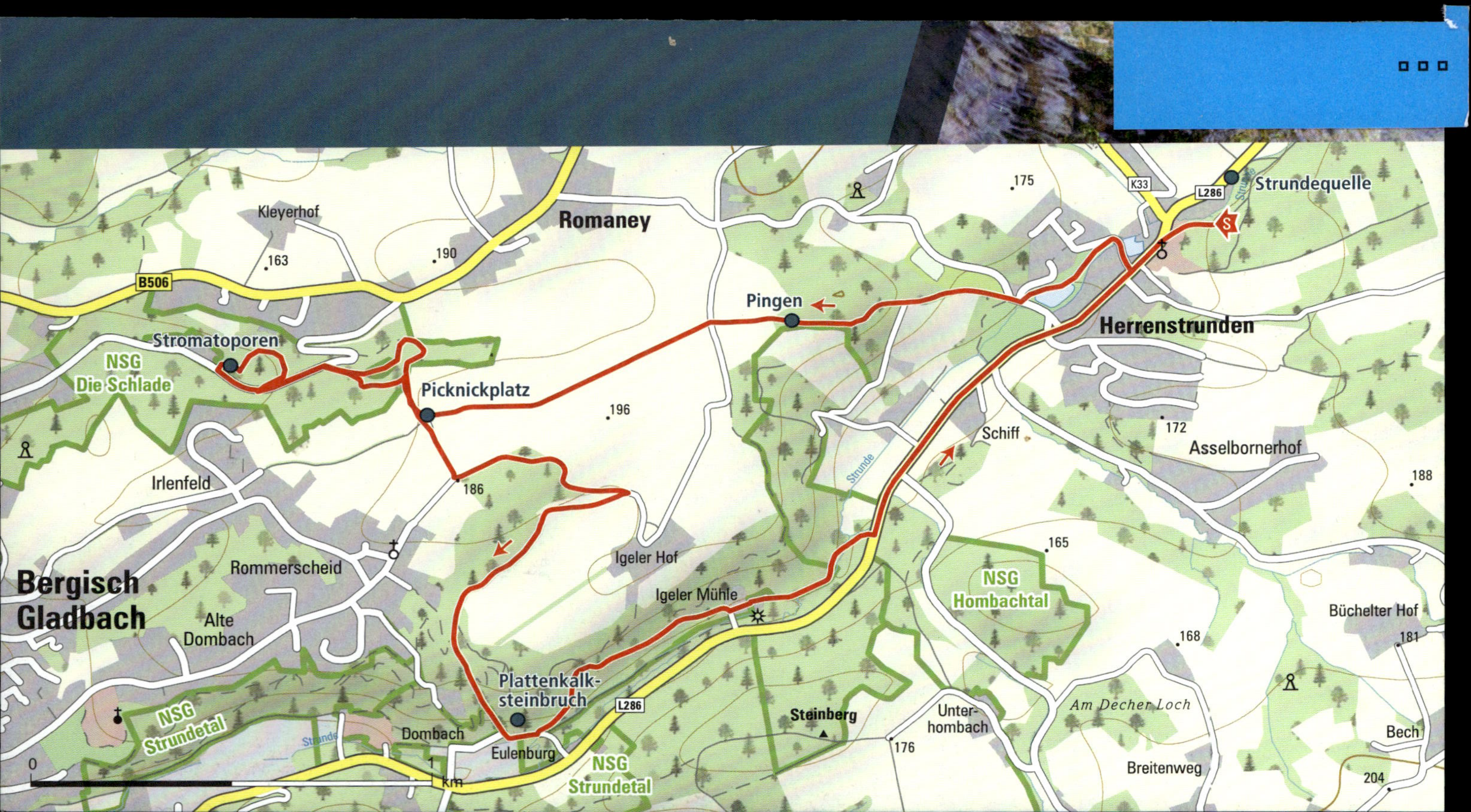

Romaney
Kleyerhof
163
190
B506
175
K33
L286
Strundequelle
Strunde
S
Pingen
Herrenstrunden
Stromatoporen
NSG
Die Schlade
Picknickplatz
196
172
Schiff
Asselbornerhof
188
Irlenfeld
186
Strunde
165
Igeler Hof
Rommerscheid
Bergisch
Gladbach
Alte
Dombach
Igeler Mühle
NSG
Hombachtal
Büchelter Hof
181
168
Plattenkalk-
steinbruch
L286
Am Decher Loch
Steinberg
Unter-
hombach
NSG
Strundetal
Dombach
Eulenburg
176
Bech
Breitenweg
204
0
1
km
NSG
Strundetal

TOUR 3

Durch die Erdgeschichte des Ahrtals

Altenahr – Schrock – Teufelsley

Blick vom Schrock hinab auf Teufelsloch und Ahrtal

Diese Tour erfordert etwas Kondition, denn es sind einige recht anstrengende Anstiege dabei. Dafür bietet sie Ausblicke über das Ahrtal, wie sie spektakulärer kaum möglich sind. Wer sich unsicher ist, ob die Ausdauer reicht, kann durch die zwei beschriebenen Abkürzungen den Schwierigkeitsgrad deutlich senken und die Tour verkürzen. Überwiegend auf Waldwegen und teilweise auf kleinen Pfaden geht diese Tour durch den spektakulärsten Abschnitt des Ahrtals und die ältesten geologischen Schichten des Rheinlands. Im Laufe der variszischen Gebirgsbildung wurden die Sedimente des Devonmeers durch die nach Norden drängende afrikanische Platte zusammengedrängt und gefaltet. Nirgendwo sieht man diese Falten besser als im Ahrtal.

Neben dem Straßen- und Eisenbahntunnel in Altenahr gibt es einen **Parkplatz**, hier startet unsere Tour. Wir folgen dem Fußweg, der vor dem Tunnel rechts abbiegt. Allerdings wäre es nicht uninteressant, durch den Tunnel zu gehen, denn auch auf der anderen Seite des Tunnels fließt die Ahr, die hier eine große Schleife macht. Wir stehen also an einem gewaltigen **Mäander**. Tief hat sich die Ahr in die devonischen Sandsteine eingeschnitten, und wenn der Mensch sie nicht aufhält, wird sie eines Tages auch diesen schmalen Felsriegel erodiert haben und durchbrechen. Dann wird die Ahr geradeaus fließen, die jetzige Ahrschleife wird dann ein stiller Altarm sein, die jetzt inmitten der Ahrschleife gelegene Engelsley ein Umlaufberg.
Aber wir folgen dem Weg an der Ahr entlang ins Langfigtal und stehen nach kurzer Zeit neben nahezu **senkrecht stehenden Felsen** mit glatter Oberfläche, die über 80 Meter hoch sind. Diese glatten Wände betrachten wir genauer. Sieht ihre Oberfläche nicht aus wie das Wattenmeer? Sie sind mit typischen Rippelmarken besetzt, die wir von den heutigen Küsten kennen. Und tatsächlich handelt es ist um einen fossilen Meeresboden. Die Rippelmarken bilden sich nur bei bodenberührendem Wellengang, diese Ablagerung muss dementsprechend ufernah oder auf einer küstennahen Sandbank entstanden sein. Aus Fossilfunden weiß man, dass wir auf eine 400 Millionen Jahre alte Schichtoberfläche blicken, denn Muschel- und Brachiopoden-Schalen liegen hier mit der Wölbung nach oben. So regeln sie sich auch heute noch im Meer bei bewegtem Wasser ein. Gewaltige Kräfte verfalteten und verbogen diese einst waagerecht liegenden Gesteinsschichten während der sogenannten variszischen Gebirgsbildung.

Am Teufelsloch führt der Weg an senkrecht stehenden Sandsteinschichten vorbei.

MÄANDER UND UMLAUFBERG

Reihen sich bei einem Fließgewässer mehrere Schlingen aneinander, so spricht man von einem mäandrierenden Fluss. Die einzelne Fluss-Schlinge ist dann ein Mäander. Im Innenbereich der Schleife ist der Gleithang gelegen, die Strömungsgeschwindigkeit ist hier niedriger, der Fluss lagert hier meist feinere Sedimente ab. Am Prallhang prallt das fließende Wasser gegen das Ufer und erodiert, frisst sich in das Gestein hinein. Liegen sich in einer Fluss-Schlinge zwei Prallhänge gegenüber, so zieht sich durch die fortschreitende Erosion die Schlinge immer enger zu. Irgendwann bricht der Fluss durch und fließt nun direkt geradeaus. Steht im Inneren der ehemaligen Fluss-Schlinge eine Anhöhe oder ein Berg als Erosionsrest, so spricht man von einem Umlaufberg.

Wir überqueren die Ahr nach rechts über die Brücke, gehen an den Tennisplätzen vorbei und halten uns geradeaus Richtung „Schwarzes Kreuz" und „Teufelsloch". Wir befinden uns auf dem Regionalwanderweg 7. Am **Schwarzen Kreuz**, einem 1865 errichteten Unglückskreuz aus Holz, haben wir einen schönen Ausblick auf die steilen Felsen und das Langfigtal. Aber uns zieht es weiter zum **Teufelsloch**, einem markanten Felsspalt. Ein kleiner Abstecher nach oben und wir sind da. Danach folgen wir dem Pfad, rechts unter uns liegt Altenburg. Am ersten Abzweig nach rechts biegen wir ab und steigen hinab zur Ahr, um durch das wunderschöne Langfigtal zu wandern.

Brücke über die Ahr am Eingang zum Langfigtal

Quarzgänge im devonischen Sandstein

ABKÜRZUNG 1

Wer nicht hinunter zur Ahr möchte, um so ein Stück des steilen Anstiegs zu sparen, der geht geradeaus, beobachtet von oben, wie die Ahr ihre Kurve zieht, und stößt dahinter wieder auf unseren Weg.

Wir folgen dem Pfad zur Ahr, passieren die **Naturschutz-Jugendherberge**, überqueren dahinter die Brücke und halten uns rechts. Wir gehen nun tief ins Langfigtal hinein. Etwa 200 Meter nachdem wir das alte Schwimmbad passiert haben, schiebt sich ein Felsriegel mit wunderschönen Rippelmarken an den Weg.
Die Ahr macht hier eine Kurve nach links, und bald können wir den Fluss wieder auf einer Brücke überqueren. Danach geht es recht steil in Serpentinen aufwärts, bis wir einem breiteren Wanderweg nach links folgen, dem mit einem „V“ markierten **Ahr-Venn-Weg**. Auf einem Felssporn, dem **Schrock**, weit oberhalb der Ahr steht eine kleine Schutzhütte, von hier bietet sich ein großartiger Ausblick auf das Ahrtal und Mayschoss. Der Weg hier hoch führt über Fels und erfordert etwas Trittsicherheit. Vom Schrock aus halten wir uns in Richtung Norden und folgen den Wegweisern zur Teufelsley.
Der Weg führt uns lange geradeaus über die Höhen auf dem mit „AV1“ markierten **Ahrsteig-Zuweg**. Dieser biegt nach links ab und deutlich abwärts geht es Richtung Ahr. Hinter den Bahngleisen gehen wir rechts entlang, nach 300 Metern beobachten wir hinter den Gleisen noch einmal Sandsteinfelsen mit gut erkennbaren Rippelmarken.

ABKÜRZUNG 2

Wer hier abkürzen möchte, der biegt kurz vor der Brücke über die Ahr nach links ab, geht immer an der Ahr entlang, kann nach einer Flussbiegung die Ahr überqueren und gelangt durch den schon am Anfang der Tour erwähnten Tunnel zum Parkplatz.

Fossile Rippelmarken auf einem 390 Millionen Jahre alten Meeresboden

Ganz oben auf dem Grat das Teufelsloch

Wegweiser zum Schrock, dem bizarrsten Aussichtspunkt auf dieser Exkursion

Wir folgen weiter dem Weg und überqueren die Ahr bei **Reimerzhoven**. Wir sind nun auf dem Regionalwanderweg 3, der sich in Serpentinen aufwärts durch die Weinberge zieht. Immer wieder bieten sich herrliche Ausblicke, bis in einer Linkskurve rechts des Wegs mächtige Sandsteinfelsen anstehen, die von Quarzadern durchzogen sind. Diese Quarzadern sind sozusagen der Kitt, der die bei der Auffaltung des Gebirges zerbrochenen Gesteinsschichten flickte. In heißem Wasser gelöster Quarz floss durch die Spalten und fiel dort bei Abkühlung aus. Eine der mächtigsten solcher Adern ist die **Teufelsley**, ein bald 10 Meter breiter Quarzgang, oberhalb von Hönningen, etwas weiter die Ahr hinauf. Verwittert das Gestein, bleiben vor allem die sehr harten, weißen Quarzkiesel übrig, wir finden sie auf der letzten Tour (16) am Rheinufer wieder.

Etwa 50 Meter weiter erreichen wir den **Rotweinwanderweg**. Wir biegen nach links ab und gehen auf dem gut ausgeschilderten Weg weiter. Von der Ruine der **Burg Aare** aus blicken wir über das tief eingeschnittene Ahrtal, auf das Teufelsloch, die Engelsley und die Teufelsley. Wir sehen unter uns die Ahr ins Langfigtal hineinfließen und auf der anderen Seite hinter der Engelsley wieder hervorkommen. Und wir fragen uns, wie dieses Tal entstehen konnte.

Vor erdgeschichtlich relativ kurzer Zeit, vor etwa 2 Millionen Jahren an der Wende vom Tertiär zum Pleistozän, gab es das tief in die Erdoberfläche eingefurchte Ahrtal noch nicht. Damals floss die Ahr in einer Höhe oberhalb des Gipfels der heutigen Engelsley noch in einem breiten, flachen Tal. Die Ahr mäandrierte in ihrem flachen Bett ständig hin und her, da das Gefälle zum Meer gering war. Vor 1 Million Jahren begann dann eine verstärkte Hebung der Region, das Gebirge stieg langsam nach oben, das Gefälle zum Meer wurde größer, und die Fließgeschwindigkeit des Flusses nahm zu. Dies verstärkte die Erosionskraft des Flusses, er grub sich tiefer in sein Bett ein, während sich das Gebirge weiter hob. Das Langfigtal entstand, so wie wir es heute kennen. Die Burg Aare wurde in der ersten Hälfte des 12. Jahrhunderts von Graf Dietrich I. von Aare erbaut. Zwischen 1997 und 1999 wurde die Burgruine unter großem finanziellen Aufwand saniert und gesichert. Der Weg von der Burgruine zurück zum Parkplatz bedarf keiner weiteren Beschreibung, wir haben den **Parkplatz** unterhalb der Burg bereits gesehen, der Weg ist ausgeschildert.

Tektonisch verstellte, senkrecht stehende Felswände am Eingang des Langfigtals

INFORMATION

Streckenbeschreibung: überwiegend Waldwege, teils kleine Pfade, einzelne Partien über Fels

Schwierigkeitsgrad: schwer

Wanderzeit: 4 bis 5 Stunden

Streckenlänge: 12 km (bei Abkürzung 1 ca. 10 km, bei Abkürzung 2 ca. 9 km)

Höhenmeter im Anstieg: 670 m

Höhenmeter im Abstieg: 670 m

(Die Abkürzungen ersparen deutlich Höhenmeter.)

START- UND ZIELPUNKT

Parkplatz in Altenahr neben dem Straßen- und Eisenbahntunnel

ANFAHRT

Mit dem ÖPNV: Ahrtalbahn bis Altenahr (400 Meter bis zum Parkplatz)

Mit dem Auto: Im Wallgarten, 50305 Altenahr (Navi)

EINKEHR

Unterwegs gibt es keine Einkehrmöglichkeit. Nach der Tour lassen sich aber in Altenahr zahlreiche Restaurants und Ähnliches finden.

Blick vom Schrock auf die Saffenburg oberhalb des Ahrtals bei Mayschoss

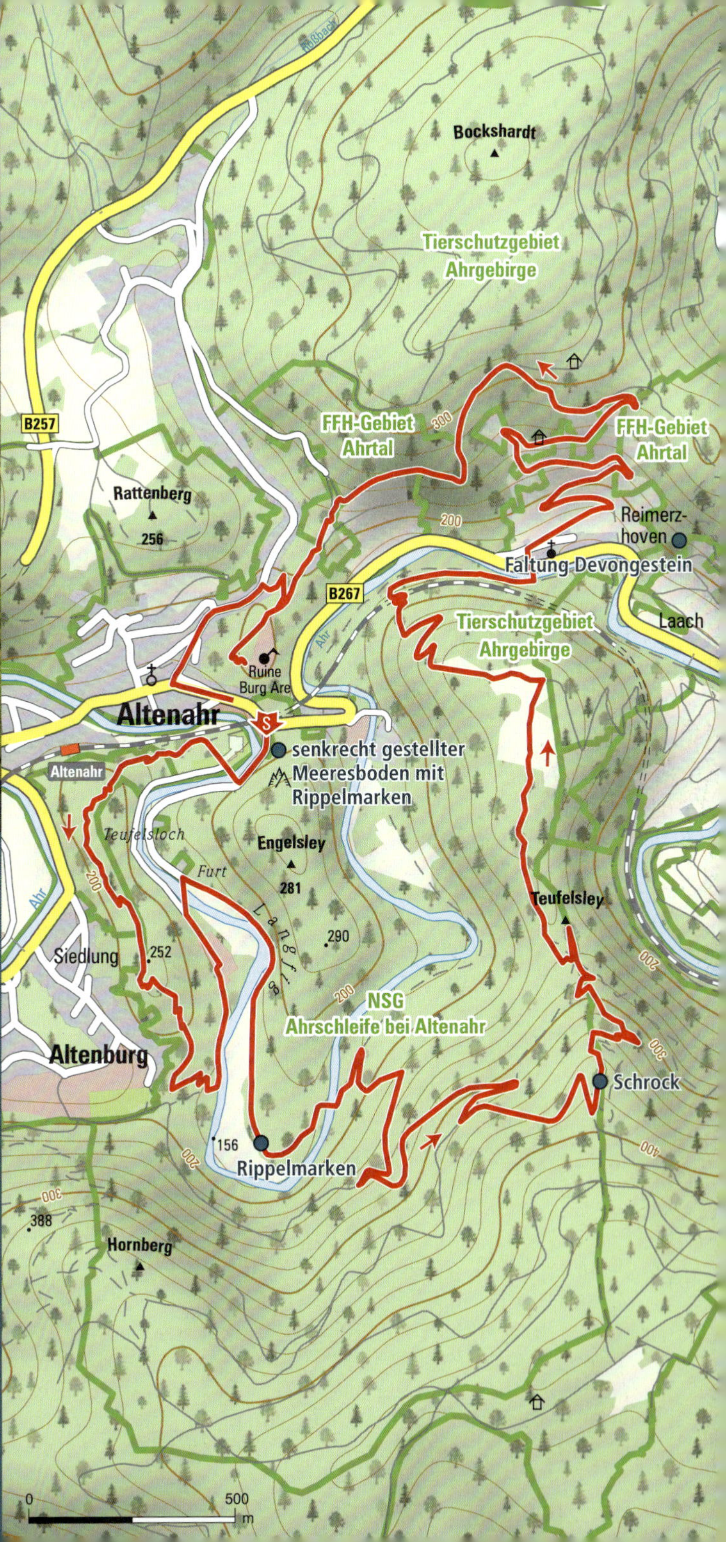
Rüßbach
Bockshardt
Tierschutzgebiet
Ahrgebirge
FFH-Gebiet
Ahrtal
FFH-Gebiet
Ahrtal
B257
300
Rattenberg
256
200
Reimerz-
hoven
Faltung Devongestein
B267
Tierschutzgebiet
Ahrgebirge
Laach
Ahr
Ruine
Burg Are
Altenahr
S
senkrecht gestellter
Meeresboden mit
Rippelmarken
Altenahr
Teufelsloch
Engelsley
281
Furt
200
Langfig
290
Ahr
Teufelsley
Siedlung
252
200
NSG
Ahrschleife bei Altenahr
Altenburg
300
Schrock
156
Rippelmarken
400
300
388
Hornberg
0
500
m

TOUR 4

Ein stecken gebliebener Vulkan

Landskrone bei Bad Neuenahr-Ahrweiler

Gesteine devonischen Alters auf dem Weg hinauf zur Burg Landskrone

Vor 25 Millionen Jahren drang basaltische Lava in die 400 Millionen Jahre alten devonischen Sandsteine des Rheinischen Schiefergebirges ein, aber es kam zu keinen nennenswerten Vulkanausbrüchen. Die Lava blieb kurz vor dem Erreichen der Erdoberfläche im Grundgebirge stecken. Viel später, vor 2 Millionen Jahren, floss die Ahr bei Dernau in nördliche Richtung geradeaus. Der heutige Swistbach stellt das alte Flussbett der Ahr dar. Als sich das Rheinische Schiefergebirge in der jüngeren Erdgeschichte dann langsam anhob, änderte sich die Morphologie der Landschaft und die Ahr suchte sich ein neues Bett, auf Bruchzonen der Erdkruste floss sie nun gen Osten auf den Rhein zu. Jetzt erst begann die Erosion, die die harten Basalte aus den weicheren Schiefern und Sandsteinen herausmodelliert hat: Scheidskopf, Neuenahrer Berg und die 272 Meter hohe Kuppe der Landskrone sind so entstanden.

Wir starten diese Tour am **Bahnhof Heimersheim** und nehmen den asphaltierten Fahrweg, der gegenüber neben den Häusern in die **Weinberge** führt. Es geht recht steil hinauf, aber dafür ist mit diesem Anstieg auch schon das schwierigste Stück der Tour geschafft. Nach halbem Anstieg kreuzt der Rotweinwanderweg, wir gehen geradeaus und biegen in den nächsten Feldweg durch die Weinberge nach links ab (und folgen hier nicht dem Wegweiser zur Landskrone, denn wir wollen auf einem anderen Weg noch Geologisches studieren). Bald erreichen wir den **Waldrand**, der an der Landskrone eine wichtige geologische Grenze markiert: Auf dem weichen devonischen Schiefer wächst Wein, auf dem harten Basalt Wald.
Nach 150 Metern zweigt nach rechts ein kleiner Pfad ab, er ist als **Jakobsweg** ausgewiesen und führt in Serpentinen aufwärts. Im Wald achten wir auf die vielen Basaltbrocken, die auf den Hängen liegen. Wir sehen kleine Steinbrüche, davor Plateaus, die Abraumhalden der Steinbrüche – alles wirkt zerwühlt. Hier wurde das Baumaterial für die mittelalterliche Burg oben auf der Landskrone gewonnen. Sie besteht ganz überwiegend aus dem Basalt dieses Bergs. Denn es war praktisch, das Baumaterial gleich unter der Burg zu gewinnen – vor allem, da es im 13. Jahrhundert keine anständigen Verkehrswege und als Transportmittel bestenfalls Ochsenkarren gab.
Bevor wir zur Burg kommen, erreichen wir die **Marienkapelle**. Links hinter der Kapelle stehen sehr schöne Basaltsäulen mit einer großen

Luftaufnahme der Landskrone aus dem Gyrocopter fotografiert

Auffälligkeit: Oben liegt ein massiges Basaltsäulenpaket, darunter schließen deutlich besser ausgebildete und dickere Basaltsäulen an. Die Lava war in die Sandsteine eingedrungen und begann abzukühlen. Von unten her kam Wärmenachschub aus dem Magma, von oben her kam die Abkühlung von der Erdoberfläche her, die schneller voranschritt. Die Lava kühlte so von unten langsam ab und bildete schöne dicke Basaltsäulen, die von oben kommende schnellere Abkühlung bildete weniger schöne Säulen. Beim Aufeinandertreffen der beiden unterschiedlichen Temperaturbereiche bildete sich eine deutlich sichtbare Grenze – wir erkennen sie an den Säulen hinter der Kapelle. (Siehe auch Infokasten „Basaltsäulenbildung", Tour 9.)
Wir gehen ein Stück zurück, folgen dem ausgeschilderten Pfad nach rechts oben zur Burgruine, und an fraglichen Stellen wählen wir immer den Weg aufwärts. Wir passieren die erste Mauer, ein ehemaliges Burgtor und etwas später einen alten Brunnen. Beide sind aus dem Basalt des Gipfels erbaut worden. Schließlich stehen wir auf der **Ruine der Burg**, die König Philipp von Schwaben im Jahre 1206 erbauen ließ.
Ganz oben am Kreuz muss Pause gemacht werden, denn der nahezu **360-Grad-Ausblick** über Ahrtal, Eifel, Rheintal und Niederrheinische Bucht ist nahezu einzigartig.
Auf dem Weg wieder nach unten beachten wir die kleine Pforte am Burgeingang direkt neben der **Infotafel**. Eine Fülle regionaler Gesteine ist hier verbaut. Natürlich ist auch der schwarze Basalt dabei, aber

Am Bahnhof Heimersheim bei Bad Neuenahr startet die Exkursion.

da ist auch Trachyt vom Drachenfels mit fingergroßen Sanidinkristallen, da sind Sandsteine mit sogenannten Liesegangschen Ringen, braunen Eisenhydroxid-Ablagerungen, und wir sehen devonische Sandsteine und feste Schiefer sowie hellen Weiberner Tuff mit zahlreichen Einschlüssen, ein vulkanisches Gestein der Osteifel.

Nach dem langen Aufstieg bis zur Burgruine geht es von nun an nahezu nur noch bergab: runter von der Landskrone auf dem breiten Wanderweg und immer geradeaus. Hinter der Schranke halten wir uns links und passieren zwei steinerne Kreuze. Schon vor 2000 Jahren diente dieser Platz keltischen Druiden als Gerichtsplatz. Es heißt, statt der Kreuze hätte hier früher ein Galgen gestanden.

Wir wählen den linken Weg, dem wir immer geradeaus folgen, an einer Weggabelung halten wir uns rechts. Nach ein paar offenen Feldern kommt ein kleines Waldstück, ab und an führt ein Waldweg hinein. Diese Gegend sollten wir genauer unter die Lupe nehmen. Der Boden wirkt auch hier etwas zerwühlt; es liegen **Gesteinsbrocken** herum, die aus weißen Quarzgeröllen in einem braunen Bindemittel bestehen. Dies ist nun keineswegs ein Beton, der hier abgekippt wurde, oder der Rest eines Fundaments. Nein, es sind uralte Flussablagerungen eines Vorläufers des Rheins. Diese Schotter wurden vor 37 Millionen Jahren in dem ersten bekannten Fluss-System, dem Vallendarer Fluss-System, abgelagert.

Weiter führt unser Weg geradeaus auf den **Landskroner Hof** zu, wo glückliche Hühner, Ziegen und Kühe zu beobachten sind. Neben der kleinen Kapelle steht ein mächtiger Quarzitblock. Wir biegen nach rechts ab, passieren mit eingezogenem Kopf den Golfplatz (Warn-

Die Pforte am Burgeingang besteht aus verschiedenen regionalen Gesteinen.

Basaltsäulen hinter der Marienkapelle

schild: „Achtung – tieffliegende Golfbälle"), wo man ins zugehörige Restaurant einkehren kann. Hinter den verträumt daliegenden Teichen gehen wir geradeaus, bis wir erneut auf den Rotweinwanderweg stoßen und nach rechts abbiegen. Unser Weg führt nun durch Orchideenwiesen, und nach einer Weile geht es abwärts und in den Wald hinein. Rechts neben uns liegt der Lohrsdorfer Kopf. Links des Wegs erkennen wir die Reste einer alten **Verladerampe**. Direkt gegenüber geht ein alter Waldweg ab, dem wir ein kleines Stück folgen, um in ein altes Bergbaugelände zu gelangen. Natürlich sind uns schon die weißen Gesteine aufgefallen, die hier überall auf dem Boden liegen; kein einziges Stück dunkelgrauer Basalt ist mehr zu sehen. Das weiße Gestein ist Quarzit, der hier in der zweiten Hälfte des 19. Jahrhunderts abgebaut wurde.

Als die variszische Gebirgsbildung die devonischen Sedimente verfaltete, bildeten sich durch Hebungs- und Dehnungsvorgänge darin zahlreiche Klüfte und Spalten. Hydrothermale Lösungen stiegen darin aus dem Untergrund auf, bis zu 175 °C heiße Wässer, in denen vor allem Quarz gelöst war. Kam die quarzhaltige Lösung in kühlere Bereiche, so schied sich der Quarz als Milchquarz ab und füllte die Spalten aus. Quarzitrücken wie dieser hier und einzelne Quarzitnester, die im Tagebau ausgebeutet wurden, lieferten früher Material zur Glasherstellung. Seitdem aber die Glasfabriken die bequemeren Quarzitsande am Rande der Kölner Bucht verwerten, ruht der Abbau solcher Vorkommen. Die Verladerampe ist Rest einer ehemaligen Bremsberganlage, mit der

Steil gestellte Meeressedimente devonischen Alters am Ende der Exkursion

Der beste Aussichtspunkt über Ahrtal und Ahreifel bietet sich am Gipfelkreuz der Landskrone.

der abgebaute Quarzit in Loren ins Tal nach Lohrsdorf gebracht wurde. Wir folgen nun dem Rotweinwanderweg durch **Lohrsdorf** hindurch. Es geht im Ort noch einmal ein Stück aufwärts, oberhalb der Ortschaft stoßen wir hinter der scharfen Linkskurve auf einen **Picknickplatz** mit Infotafel. 100 Meter weiter biegt der Rotweinwanderweg nach rechts ab, wir halten uns links hangabwärts bis zur Straße, nur um direkt wieder dem Weg nach rechts hangaufwärts zu folgen.

Nach nur 200 Metern stehen wir neben senkrecht aufragenden **Sandsteinwänden** – ein faszinierendes Zeugnis der variszischen Gebirgsbildung im Unterkarbon vor 350 Millionen Jahren. Es ist ein versteinerter Meeresboden, der einst waagerecht lag, aber nun Teil einer großen Faltenstruktur ist. Eine kilometergroße Falte hat die Gesteinsschichten von Süd-Süd-West nach Nord-Nord-Ost verbogen und in Wellen gelegt. Wie ein verschobenes Tischtuch können wir uns die Erdkruste vorstellen. Wir sehen hier nur einen Ausschnitt dieser Falte: Schichten, die senkrecht stehen. Im linken Bereich erkennen wir eine viele Meter lange Schleifspur. Irgendetwas ist hier einst über den Meeresboden bewegt worden und hat eine Rinne in das weiche, sandige Sediment gepresst.

Nun geht es weiter geradeaus und nach wenigen Hundert Metern stehen wir wieder am **Bahnhof Heimersheim**, wo es gegenüber ein kleines Restaurant gibt.

INFORMATION

Streckenbeschreibung: überwiegend Feldwege, zwischen Köhlerhof und Golfplatz 1 km asphaltierter Fahrweg, zur Burg Landskrone hinauf führen kleine Pfade durch den Wald

Schwierigkeitsgrad: mittelschwer

Wanderzeit: 4 bis 5 Stunden

Streckenlänge: 12 km

Höhenmeter im Anstieg: 460 m

Höhenmeter im Abstieg: 460 m

START- UND ZIELPUNKT

Bahnhof Heimersheim (bei Bad Neuenahr-Ahrweiler)

ANFAHRT

Mit dem ÖPNV: Ahrtalbahn von Remagen bis Heimersheim

Mit dem Auto: Landskroner Straße 4, 53474 Bad Neuenahr-Ahrweiler (Navi)

EINKEHR

Unterwegs kann im Restaurant des Golfplatzes Köhlerhof eingekehrt werden und zum Abschluss der Wanderung in ein kleines Restaurant direkt gegenüber vom Bahnhof Heimersheim.

Golfclub-Restaurant
Großer Weg 100
53474 Bad Neuenahr-Ahrweiler
Tel. 02641-66 93
www.koehlerhof-gastronomie.de
Mo./Di. Ruhetage

Grazer Stuben
Landskroner Straße 4
53474 Bad Neuenahr-Ahrweiler/
Heimersheim
Tel. 02641-91 14 905
www.grazer-stuben.de
Mo./Di. Ruhetage

Zahlreiche Eidechsen sonnen sich in den Weinbergmauern.

Büschmarhof
212
200
Ahrplatte
151
Landskronerhof
Köhlerhof
164
175
Quarzkonglomerat
Gimmigen
Bad Bodendorf
Bad Bodendorf
77
100
B266
Lohrsdorfer Kopf
186
Quarzitsteinbruch
FFH-Gebiet Ahrtal
69
„Am Galgen"
Heuberg
Landskrone
Basaltsäulen
Lohrsdorf
Heppingen
L80
61
B266
Ehlinger Lei
135
Ahr
fossiler Meeresboden
E31
Heimersheim
571
Ehlingen
km
Bengener Bach
Alte Bach
Lohrsdorfer Bach
Heppinger Bach

TOUR 5

Erzbergbau im Bensberger Revier

Lüderich

Das mächtige, metallene Barbarakreuz auf dem Lüderich

Schon vor 2000 Jahren schürften die Römer am Lüderich im Bensberger Revier östlich von Köln Blei- und Zinkerz. Heutzutage ist es schwer vorstellbar, dass bei Bensberg, Overath, Rösrath und Umgebung einst eine Vielzahl teils großer Bergwerke existierte. Große Gebäude mit Erzwäschen und Fördertürme ragten in den Himmel. Zahllose Bergarbeiter holten aus großer Tiefe metallhaltiges Gestein hinauf, Lorenbahnen fuhren umher und überall rauchten die Schlote. Wir besuchen das einst größte Bensberger Erzbergwerk, die Grube Lüderich, und finden auf unserer Tour zahlreiche Spuren des historischen Bergbaus.

In Untereschbach am Kreisverkehr mit der historischen Bergbaulore steht ein deutlicher Wegweiser zum **Golfclub am Lüderich**, an dessen Parkplatz unsere Tour startet. Der besondere Reiz dieses Startpunkts liegt zum einen im fantastischen Ausblick über die bergische Landschaft, zum anderen aber auch darin, dass derjenige, der früh aufsteht, hier oben den Sonnenaufgang beobachten kann, und derjenige, der später losgeht, einen vielleicht glühenden Sonnenuntergang erleben wird. Vom Parkplatz gehen wir auf den unübersehbaren **Förderturm** der ehemaligen Grube Lüderich zu.

Hier wurde am 27. Oktober 1978 die letzte Tonne Erz gefördert. Begonnen hat die Geschichte des Bergbaus mit seinen umfangreichen Abbautätigkeiten in dieser Region viel früher. Im Jahre 1830 entdeckten Arbeiter beim Straßenbau zufällig ein großes Bleierzvorkommen bei Altenbrück. Anfangs wurde hier nur oberflächlich Erz geschürft. Viele sogenannte Pingen entstanden, die heute noch in der Landschaft sichtbar sind. Ab 1837 begann ein verstärkter Erzabbau im Stollenbergbau, mit Hammer und Schlägel trieben die Bergleute mühsam die Stollen in den Berg. Ab 1852 begann eine belgische Bergbaugesellschaft mit der Anlage des großen Bergwerks auf dem Lüderich. Unten im Tal existierte eine riesige Aufbereitungsanlage, die heute komplett verschwunden ist.

Am Förderturm angekommen sehen wir rechts eine schmale Treppe, der wir nach oben folgen. Wir gehen links bis zum Tor, das nicht verschlossen ist, und auf dem Weg nun immer nach links in Richtung **Mariengrotte**, die in einem ehemaligen Luftschutzbunker eingerichtet wurde. Hinter der Mariengrotte sind es nur noch 150 Meter zum gewaltigen **Barabarakreuz**, das im Jahre 1997 zu Ehren der Heiligen Barbara, der Schutzheiligen der Bergleute, erbaut wurde. Das viele Meter hohe Kreuz

Ein ehemaliger Stolleneingang
hinter dem Franziska-Schacht

besteht aus glänzendem Metall und leuchtet morgens und abends im Licht der auf- bzw. untergehenden Sonne in rot-gelben Farbtönen weithin über die Landschaft. Von hier bietet sich ein imposanter Ausblick über das Bergische Land und über Köln bis hin zu den Rauchschwaden der Braunkohlekraftwerke bei Bergheim am Horizont. Der auffällig geformte, in die Landschaft ragende Hügel, auf dem das Barbarakreuz steht, ist die ehemalige Halde des Hauptschachts.

Wir gehen den Pfad wieder zurück, an der Mariengrotte vorbei bis zum Tor am Förderturm, gehen nun aber geradeaus und folgen der roten Markierung des **Bergbauwegs**, dem wir nun den größten Teil unserer Wanderung folgen werden. Es geht hangabwärts, und bald stoßen wir auf zwei große, mit Folien ausgekleidete Wasserauffangbecken. Hier wird ablaufendes Oberflächenwasser der rechts des Wegs liegenden Erddeponie Lüderich aufgefangen und dann kontrolliert abgeleitet.

Wir folgen dem Weg nach rechts, gelangen in den Wald und finden bald links am Wegesrand zwei alte gemauerte Becken. Der erste große Betonkubus ist ein altes Wasserreservoir, das die Waschkaue der Bergleute versorgte. Das zweite Becken hat ein Ablaufrohr und ein Drehrad. Hier betrieb die Grube Lüderich einst eine Verrieselungsanlage.

Unser Weg führt nun hangaufwärts. Wir gehen eine ehemalige Bergbauhalde hinauf. Die Gesteine auf dem Weg enthalten vielfach weiße Quarzadern, die im Untergrund das Erz begleiteten und als Gangart oder taubes Gestein bezeichnet werden. Häufig sehen wir rötliche Spuren von Hämatit (Eisenhydroxid). Auch der bald auftauchende Strommast steht auf einer Abraumhalde. Im Abraum sehen wir zahlreiche Gesteinsbrocken mit Quarz als Gangart. Hier biss einst ein Erzgang aus, die Lagerstätte „Frühling" kam hier zutage und wurde bereits in vorindustrieller Zeit abgebaut.

An der nächsten Wegkreuzung halten wir uns mehr oder weniger geradeaus, gehen erst leicht links auf die Häuser zu, biegen aber vor den Häusern der Ortschaft **Bleifeld** nach rechts ab und folgen auch hier der Markierung des Bergbauwegs. Die Landschaft – mit großen Kiefern bewachsen – ist stark strukturiert. Überall gibt es kleine Hügel und Mulden, ehemalige Abraumhalden, die auf den **Franziska-Schacht** hindeuten. Urplötzlich taucht dieser hinter den Bäumen auf. Mitten im Wald steht der ehemalige Förderturm des Bergwerks und wir können nun versuchen, uns nun die Landschaft vorzustellen, wie sie einst aussah: Da, wo jetzt Wald und heile Natur sind, wurde Bergbau betrieben. Erz wurde von tief unten heraufgebracht, Abraum wurde auf die vegetationslose Landschaft gekippt, Lorenbahnen fuhren umher, Erz wurde von taubem Gestein getrennt. Hier am Franziska-Schacht gab es keine Erzaufbereitung wie am Lüderich-Hauptschacht, hier gab es wohl nur eine sogenannte „Handwäsche", in der angelernte Arbeitskräfte Erz und taubes Nebengestein von Hand trennten.

Neben dem Förderturm des Franziska-Schachts ist ein netter Picknickplatz – bestens geeignet für eine kleine Pause. Wir gehen nun vom Förderturm aus auf der dem Picknickplatz abgewandten Seite in den Wald hinein und finden dort den Eingang eines ehemaligen Stollens. Aus dem Laub schauen seine halbrunden Ausbaue heraus, die uns anzeigen, dass hier einst ein waagerechter Stollen in den Berg hineinführte. Hinter dem Franziska-Schacht folgen wir dem Waldweg, den wir nach der Kurve verlassen. Wir gehen nach links auf einem Pfad den Hang hinab. Hier ist etwas Trittsicherheit erforderlich. Wir gehen an einem Bach entlang, bis wir unten auf einen asphaltierten Fahrweg treffen. Nun sind wir in der kleinen Ortschaft **Rothenbach** angekommen, einst eine Ansammlung von Häusern, die zum Bergwerk gehörten. Direkt

Die Becken der ehemaligen Verrieselungsanlage der Grube Lüderich

Der Bach überquert auf einer Brücke die Eisenbahngleise.

das erste Gebäude links ist die einstige Waschkaue. Etwa 50 Meter weiter, ebenfalls links sehen wir ein Fachwerkhaus, das ehemalige Steigerhaus. Hier wohnte der Chef, der Steiger, heute ein Bergbauingenieur mit leitender Funktion.

Weiter hinab führt der Fahrweg, dem wir folgen. Links an der Straße fließt der Bach direkt an einer alten Mauer aus Grauwacke entlang, das typische Gestein des Untergrunds, in dem sich auch die Vererzungen befinden.

An der Hauptstraße halten wir uns links, queren diese am Fußgängerüberweg und folgen auch hier der Beschilderung des Bergbauwegs. Durch alte, schön renovierte Industrieanlagen führt der Weg. Es handelt sich um einen früheren Hammer, in dem angetrieben von der Wasserkraft der Sülz das aus dem Erz des Bergwerks gewonnene Metall verarbeitet wurde.

An der Sülz halten wir uns links und folgen ihr bis zum Rathausplatz. Hier mitten in Rösrath besteht die Möglichkeit zur Pause und Einkehr, bevor es wieder nach oben auf den Lüderich hinaufgeht. Ein bisschen müssen wir nun links entlang auf der Hauptstraße gehen, biegen nach der Kurve aber nach rechts in die Hofferhofer Straße ab und stehen bald vor dem **Freibad**.

Wir gehen rechts am Bad vorbei über die Bahnschranke, dahinter links. Das Freibad ist ein Beispiel für die gelungene Rekultivierung einer Bergbaulandschaft: Es war einst ein Klärteich der Grube Lüderich. Am Sportplatz folgen wir dem Pfad nach rechts oben, passieren ei-

Das ehemalige Maschinenhaus am Hauptschacht

nige Pferdeweiden, folgen der asphaltierten Straße nach links durch den kleinen Ort **Brunsbach**, überqueren die Eisenbahngleise, biegen nach rechts ab und folgen nach 100 Metern wiederum nach rechts dem Bergbauweg. Es dauert ein Weilchen, bis wir an einer wirklich außergewöhnlichen **Brücke** vorbeikommen: Hier wird doch tatsächlich der Bach über die Eisenbahngleise geleitet, um auf der anderen Seite der Gleise ganz normal weiterzufließen. Wir überqueren den Bach und folgen dem linken Weg durch den Buchenwald.

Der Bach, der nun links neben uns fließt, mäandert wunderbar. Das sollten wir uns genauer anschauen. Es zeigt sich deutlich, wie sich der Bach eingräbt, wie er an den Seiten das Ufer erodiert und in den Kurven Prall- und Gleithänge ausbildet. (Siehe auch Infokasten „Mäander und Umlaufberg", Tour 3.)

Bald erreichen wir die Ansiedlung **Lüderich/Berg**, wandern durch die Felder, biegen vor dem zweiten kleinen Wäldchen nach links ab und gehen über die Wiese hinein in den Wald. Neben uns liegt ein alter, aufgelassener **Steinbruch**. An den Wänden erkennen wir besonders unter den Wurzeln der Bäume, die wohl bald herabstürzen werden, teils mächtige Sandsteinbänke, teils feinere Lagen Sandstein im Zentimeterbereich. Aus diesem Steinbruch, der nichts mit dem Bergbau am Lüderich zu tun hat, holten die Bewohner der Region Baumaterial für Häuser und Mauern. Die hier anstehenden Sandsteine sind Meeresablagerungen aus dem Erdzeitalter Devon. Diese Ablagerungen bilden nahezu das gesamte Bergische Land.

Bald erreichen wir **Bleifeld**, der Name verrät es schon, eine alte Bergmannssiedlung. Auch hier folgen wir dem Bergbauweg und passieren den Bleifelder Hof. Hier sitzt es sich im Sommer wunderbar im Bier-

garten. Am Ende der Ortschaft gehen wir geradeaus, und wenn der Sonnenuntergang kurz bevorsteht, dann glänzt rechts am Horizont das Barbarakreuz eventuell leuchtend rot in der untergehenden Sonne.
Vor dem Waldrand am Picknickplatz wählen wir den rechten Weg und erreichen nun die Stelle, die wir schon vor einiger Zeit auf dem Weg zum Franziska-Schacht passiert haben. Wir gehen geradeaus. Am Wohnhaus im Wald wählen wir den rechten Weg und sehen 40 Meter hinter dem Haus eine Pinge im Wald, wie es sie in dieser Bergbaulandschaft zahlreich gibt.
Wir gehen immer geradeaus und an einer Wegkreuzung nehmen wir einen kleinen Pfad, der rechts in einen Fichtenwald führt. Dann stehen wir plötzlich an der **Erddeponie Lüderich**, auf der aktuell Bauaushub abgekippt wird. An der Einfahrt zur Deponie gehen wir die asphaltierte Straße nach links hinab und stehen kurz darauf am Förderturm auf dem Lüderich. Im ehemaligen Maschinenhaus der Grube Lüderich befindet sich heute das Clubhaus des Golfclubs, wo wir bei Bedarf einkehren können.
Je nachdem, wie spät es ist, lohnt es sich, noch einmal zum Barbarakreuz zu gehen. Das ist ein wunderbarer Platz, um den Sonnenuntergang zu beobachten. Vom Förderturm aus gehen wir zurück zum **Parkplatz** des Golfclubs, wo wir gestartet sind.

Förderturm der Grube Lüderich am heutigen Golfplatz

INFORMATION

Streckenbeschreibung: überwiegend Feld und Waldwege, kurze Strecken auf kleinen Nebenstraßen

Schwierigkeitsgrad: mittelschwer

Wanderzeit: 4 bis 5 Stunden

Streckenlänge: 12 km

Höhenmeter im Anstieg: 270 m

Höhenmeter im Abstieg: 270 m

START- UND ZIELPUNKT

Golfclub am Lüderich

ANFAHRT

Mit dem ÖPNV: Regionalbahn zum Bahnhof Hoffnungstal, von dort zu Fuß 200 m auf der Rotdornallee zum Schwimmbad und dort in den Rundweg einsteigen

Mit dem Auto: Am Golfplatz 1, 51491 Overath (Navi) Parkmöglichkeiten sind direkt vor Ort vorhanden.

EINKEHR

In Rösrath gibt es verschiedene Einkehrmöglichkeiten. Außerdem bietet sich der Bleifelder Hof an, und im ehemaligen Maschinenhaus der Grube Lüderich befindet sich ein Bistro.

Bleifelder Hof
Bleifeld 57
51503 Rösrath
Tel. 02205-82 566
www.bleifelderhof.de
Mo. Ruhetag

Golfclub Am Lüderich
Am Golfplatz 1
51491 Overath
Tel 02204-97 600
www.gc-luederich.de

Ein ehemaliges Wasserreservoir der Waschkaue der Grube Lüderich

E40
4
L284
Mitteleschbach
Nallingen
Eschbach
188
Naturpark
Bergisches Land
Großbuchholz
Neichen
NSG
Koenigsforst
Untereschbach
Grünewald
Mittelauel
E40
Holzbach
Sülz
Daubenbüchel
Altenbrück
160
Unterauel
Steinenbrück
Büchel
L136
Hellenthal
Schmitzlöderich
S
Hauptschacht der
Grube Lüderich
Burgkopf
226
Katzemich
Lehmbach
Großlöderich
Lüderich
260
218
L284
Sülze
Bleifeld
Devonsteinbruch
Hintersten-
Büchel
215
Rothenbach
Johannisberg
alter Stolleneingang
Vordersten-
Büchel
Franziska-Schacht
Lüderich
Hove
Brünsbach
Hoffnungsthal
Blech
Brünsbach
L284
191
Brünsbach
Eigen
Haus Stade
K23
Bergsegen
Hoffnungsthal
152
Stöcken
K23
Hofferhof
168
Unterlüghausen
Kupfersiefer Bach
Großbliersbach
Wickuhl
Klein-
bliersbach
Oberlüghausen
Schnellhaus
0
500
m
K49

TOUR 6

Die roten Wüstensande des Rheinlands

Buntsandstein bei Nideggen mit Exkurs zu den Katzensteinen

Die Katzensteine bei Kommern mitten im Wald

Die nahezu senkrecht hoch aufragenden roten Sandsteinfelsen bei Nideggen sind schon aufgrund ihrer Farbe anders als alles in der Region. Von unten betrachtet sind sie imposant, die Wanderung oben auf der Kante entlang bietet herrliche Panoramaausblicke. Und geologisch dringen wir bei dieser Tour in ein ganz neues Gebiet vor: Festland mit Wüstenklima bedeckte die heutige Eifel, mäandrierende Fluss-Systeme zogen hindurch, Winde wehten die roten, trockenen Sande zu Dünen auf.

Wir starten am Parkplatz der **Jugendherberge Nideggen**. Hier lohnt sich ein Besuch des **„Nationalparktors"**, eines Infozentrums des Nationalparks Eifel, das in einer Sonderausstellung viele Informationen über Flora, Fauna und Landschaft des Buntsandsteingebiets liefert.
Am Ende des Parkplatzes folgen wir einem Pfad nach rechts und an der Grillhütte vorbei. Oben auf dem Hügel biegt der Pfad nach links ab, an einem Häuschen im Wald geht es nach rechts. Entlang des Wegs sehen wir bereits die ersten roten Buntsandsteine, die uns nun den ganzen Tag begleiten werden. Dem Wegweiser „Entdeckungspfad" folgen wir, er führt uns zum Aussichtspunkt **„Eifelblick Effelsdach"**, der das erste faszinierende Panorama liefert. Wir stehen hinter der Schutzhütte auf einer steil abfallenden Sandsteinklippe – tief unter uns die Rur, rechts der Verlauf der Steilkante, obenauf thront die Burg Nideggen, immer wieder schauen aus dem Wald rote Sandsteinklippen hervor.
Nach dem Blick in die Ferne sollten wir unsere Augen aber auch auf den Boden richten. Die Felsen, über die wir gehen, bestehen teils aus mehr oder minder feinen Sandsteinlagen, vor allem jedoch auch aus mächtigen Konglomeraten. Diese sehen aus wie dicke Ablagerungen von Kieselsteinen, die mit rotem Sand verklebt sind. Auf unserer Wanderung werden wir immer wieder auch Kieselsteine herumliegen sehen, auf den Wegen, im Wald, im Weghang. Solche Beobachtungen machen wir auch auf anderen Exkursionen, die in diesem Führer beschrieben sind, beispielsweise im Königsforst und auf der Erpeler Ley. Dort finden wir in großer Höhe Ablagerungen des Rheins, der jetzt 100 Meter tiefer in seinem Bett fließt. Doch die Gerölle hier, auf den Buntsandsteinhöhen, sind nun keineswegs Ablagerungen der einst auch hier oben entlangfließenden Rur. Es handelt sich vielmehr um 250 Millionen Jahre alte küstennahe Meeresablagerungen.
Hinter der **Schutzhütte** stoßen wir auf ein großes kreisrundes Loch, hier wurde ein Mühlstein herausgearbeitet. Im Gegensatz zu Mühl-

Das Rurtal unterhalb von Nideggen

BUNTSANDSTEIN

Buntsandstein ist nicht etwa die Bezeichnung für schön gefärbte Sandsteine, sondern war einst der Name einer geologischen Epoche, des unteren Abschnitts der Trias. Da dies mit der internationalen stratigrafischen Gliederung nicht übereinstimmt, wird der Begriff „Buntsandstein" heute für eine typische Gesteinsabfolge der frühen Trias benutzt. Während der Trias vor 250 Millionen Jahren lag im Westen der heutigen Eifel das Ardennen-Festland. Die Gesteine dieses Festlands verwitterten und wurden im Osten in der sogenannten Eifeler Nord-Süd-Zone abgelagert, einer Region im Dreieck Mechernich – Kall – Nideggen. Man kann die Ablagerungen als Schuttstrom vom Ardennen-Festland bezeichnen. Über 100 Meter mächtig wurden diese Ablagerungen des Buntsandsteins: gewaltige Konglomerate aus überwiegend bis zu kopfgroßen Quarziten, aber auch zahlreichen Sandsteinen und Gangquarzgeröllen. Die Komponenten der Konglomerate sind gut gerundet, da sie lange im Wasser hin- und hergerollt worden sind. Nach der Ablagerung dieser Gerölle wurden die Zwischenräume mit Sand und Ton verfüllt. Dieses Material wurde durch ein kieseliges, also quarzhaltiges Bindemittel verfestigt, sodass ein sehr verwitterungsresistentes Gestein entstanden ist, weshalb im Rurtal bei Nideggen mehr als 50 Meter hohe, senkrechte Felsklippen des Bundsandsteins entstehen konnten.

Burg Nideggen auf roten Buntsandsteinfelsen

steinen aus Basalt reiben sich die Mühlsteine aus Sandstein relativ leicht ab. Das Mehl aus Mühlen mit einem solchen Mühlstein enthielt deshalb früher zahlreiche Sandkörner, die die Zähne schädigten: Wer regelmäßig Mehl aus diesen Mühlen aß, kaute sich den Zahnschmelz herunter. Mühlsteine aus Buntsandstein wurden deshalb überwiegend zur Herstellung von Viehfutter benutzt. Auf unserer Tour werden wir des Öfteren Löcher sehen, aus denen ein Mühlstein gebrochen wurde. Bevor wir weitergehen, werfen wir noch einen letzten Blick hinab ins Rurtal und vergegenwärtigen uns, dass die Rur dieses Tal geschaffen hat, sie erodierte sich tief in den Untergrund hinein.
Zurück auf dem Wanderweg biegen wir an der nächsten Weggabelung – hier liegt ein dicker Konglomeratbrocken – nach links hangabwärts ab, bis wir von der Aussichtsbank den Ausblick auf die Burg und die darunter anstehenden Buntsandsteinschichten genießen können. Wir folgen dem Pfad unterhalb der Bank weiter. Auf diesem Pfad liegen Unmengen gut abgerollter Kieselsteine, es ist ausschließlich verwittertes Konglomerat, kein Flussgeröll.
Wenig später passieren wir wieder das rote Gebäude der Jugendherberge und folgen direkt dem Wanderweg nach links bis zu einem Picknickplatz, dort halten wir uns ebenfalls links Richtung Burg Nideggen. An der nächsten Weggabelung gehen wir nicht aufwärts, sondern folgen links der ausgeschilderten **Buntsandsteinroute**. Dieser Weg führt uns direkt unterhalb der mächtigen Buntsandsteinfelsen entlang. Besonders lohnend sind die Ausblicke in der vegetationslosen Zeit, während ab dem Frühjahr viele schöne Formationen vom Blätterdach des Walds verdeckt werden.

An den Treppenstufen folgen wir nicht der Buntsandsteinroute, sondern gehen nach links hangabwärts. Im Kiefernwald angekommen führt der Pfad nach links und dann in Serpentinen hangabwärts zur Straße. Auf der anderen Straßenseite geht unser Weg neben dem Strommast an der Rur entlang weiter. Wir achten auf das Gestein: kein Buntsandstein mehr weit und breit, stattdessen ein feinkörniger, dichter, sehr harter Sandstein. Geologisch sind wir 150 Millionen Jahre in der Erdgeschichte zurückgefallen, denn wir stehen auf **Sedimenten des Unterdevons**, denen die Buntsandsteinformation aufliegt. Am Wegesrand erkennen wir viele kleine Quarzgänge, die diese Sandsteine durchziehen, Relikte der variszischen Gebirgsbildung. Solche Quarzgänge finden wir in den Buntsandsteinen nicht, denn während die devonischen Sandsteine Überreste eines Faltengebirges sind, das gewaltigen Kräften ausgesetzt war, lag der Buntsandstein seine ganze Erdgeschichte lang tektonisch unbeansprucht obenauf.

Wir folgen eine Weile dem wunderbaren Wanderweg durch das **Rurtal**. Eine naturbelassene Flussaue erwartet uns. Hier wohnen Biber, Eisvögel und Wasseramseln. Rechts des Wegs erblicken wir immer wieder Felsen aus devonischem Sandstein. An einem **Bauernhof** biegen wir nach rechts ab und folgen jetzt dem Wanderweg 7 „Felspassage". Der Weg führt stetig bergan durch den Buchenwald, vorbei an idyllisch gelegenen Kuhweiden, auf denen vielleicht gerade seltsame Langhornrinder grasen. Hier ist man sicher, glückliche Kühe zu sehen.

Der Boden des weiterhin berganführenden Wanderwegs besteht hier noch aus devonischem Schiefergestein, irgendwann aber sehen wir immer mehr Quarzgerölle – ein Zeichen, dass wir wieder in die Region

Der Aussichtspunkt auf der Christinenley

Das Hindenburg-Tor bei Nideggen besteht aus Buntsandsteinkonglomeraten.

des oben aufliegenden Bundsandsteins kommen. Der Weghang besteht bald aus roten Sanden, dies ist verwitterter Buntsandstein. Dann sehen wir wieder die ersten Konglomeratfelsen. Auf einmal entdecken wir rechts oberhalb des Wegs ein riesiges, 10 Meter hohes Tor im Gestein, das **Hindenburg-Tor**, das die Konglomeratfelsen durchbricht.
Wir folgen unserem Wanderweg geradeaus bis zu einem breiten Fahrweg, wo unser Weg nach rechts abknickt. Bald folgen wir einem Pfad nach rechts. Wir gehen jetzt auf dem Wanderwegweg 27, der uns zu einem Aussichtspunkt führt. Wir gelangen zu den Buntsandsteinfelsen und gehen durch das Hindenburgtor hindurch. Wir bleiben auf dem Wanderweg 27, bis wir den Aussichtsfelsen „Christinenley" erreicht haben – ein spektakulärer Blick auf das Rurtal und auf die Burg Nideggen erwartet uns. Auf dem roten Felsen erkennen wir Sandsteinschichten und Konglomeratbänke im Wechsel. Wer den Sandstein genauer betrachtet, sieht einzelne Körner, die sich auch mit dem Finger erfühlen lassen und sich abreiben – dieser Sandstein ist nicht besonders stark verfestigt. Vorn am Zaun ist ein großes rundes Loch, auch hier wurde einst ein Mühlstein herausgearbeitet. Das Bindemittel des Konglomerats ist quarzitisch, die Geröllkomponenten sind es ebenfalls. Quarz ist sehr verwitterungsresistent, und diesem harten Gestein ist es zu verdanken, dass sich hier eine steile Geländekante bilden konnte. Weiche Gesteine hätten einen sanften Abhang gebildet.
Wir folgen der Wegmarkierung des Buntsandsteinwegs. Vor uns liegt eine wunderbare Etappe oben auf der **Geländekante** entlang. Immer wieder bieten sich herrliche Ausblicke auf die Burg und das Rurtal, und immer wieder beobachten wir rote Sandsteine mit Kreuz- und Schräg-

schichtungen, die sich als Windablagerungen, wie in Dünen, erklären lassen. Breite Wasserablaufrinnen kreuzen den Weg und sind mit großen, dunklen Gesteinsbrocken gesichert. Es ist Basalt, er gehört hier nicht hin und wird wohl aus der Vulkaneifel importiert sein.
Wir überqueren die Straße, gehen in die Bahnhofstraße hinein, die uns in den Ort **Nideggen** führt. Zahlreiche Häuser im historischen Ortskern sind aus Buntsandstein gebaut, der hier als regionales Baumaterial ohne langen Transportweg immer wieder Verwendung fand. Vor der Fußgängerzone – hier laden zahlreiche Cafés und Restaurants zur Pause ein – biegen wir rechts ab, halten auf die **Burg** zu. Wir gelangen durch das Nytstor in die Burganlage. Die Kirche betrachten wir auch wieder unter dem Aspekt des Baumaterials: Sie wurde aus Konglomerat und rotem Sandstein erbaut. Direkt vor der Burg, am Eingang zum Burggarten zweigt ein Pfad nach links ab, dem wir folgen. Eine etwas steile, enge Treppe führt abwärts. Der weitere Weg geht in Serpentinen vom Burgberg hinunter. Ab hier nehmen wir denselben Weg wie auf dem Hinweg, halten uns also auf dem breiten Wanderweg nach links, passieren den Picknickplatz und folgen dem Wegweiser zurück zur **Jugendherberge**.

Der Wanderweg führt eine steinerne Treppe hinauf.

EXKURS „MYSTISCHE FELSEN – DIE KATZENSTEINE“

Passend zur Tour durch den Buntsandstein bei Nideggen lohnt sich ein Ausflug zu den Katzensteinen bei Kommern. Derart schöne Wandertouren, wie rund um Nideggen, sind bei Kommern nicht möglich, aber die bizarre Felsengruppe der Katzensteine fasziniert in vielerlei Hinsicht, bietet Fotomotive und geologische Highlights. Und auch eine 4 Kilometer lange Rundwanderung ist ausgewiesen, die etwa 1,5 Stunden dauert.

Leider ist eine Anreise mit dem ÖPNV nicht möglich. Mit dem Auto fährt man zur Adresse „An den Katzensteinen 1, 53894 Mechernich, OT Katzvey“ (Navi). Von hier ist der ausgeschilderte Wanderparkplatz, an dem diese kleine Tour startet, nur 100 Meter entfernt. Wegweiser führen zu den 200 Meter entfernten Katzensteinen. Der Rundweg durch die Katzensteine und einen alten Steinbruch, in dem vermutlich bereits die Römer Sandsteine abbauten, ist ebenfalls ausgeschildert. Die Katzensteine mitten im Wald sind zweifelsohne ein mystischer Ort, der schon Steinzeitmenschen als Lagerplatz diente und der wahrscheinlich in historischer Zeit vielfach als Kultstätte genutzt wurde. Bei Nebel oder tiefstehender Sonne verstehen wir besonders gut, warum.

Während wir in Nideggen überwiegend auf Konglomerate stoßen, fehlen diese an den Katzensteinen. Sie bestehen aus gut geschichteten Feinsanden. Die Geologen interpretieren den unteren Teil der Katzensteine mit Rippeln als Ablagerungen eines verwilderten Fluss-Systems, den oberen Bereich der Katzensteine mit schönen Schrägschichtungen, wie wir sie auch von Dünensanden kennen, als ebensolche, nämlich als Flugsande und Dünen, die der Wind angeweht hat.

INFORMATION

Streckenbeschreibung: Waldwege, Feldwege, oftmals kleine Pfade, nur durch Nideggen auf Straßen
Schwierigkeitsgrad: mittelschwer
Wanderzeit: 4 bis 5 Stunden
Streckenlänge: 10 km
Höhenmeter im Anstieg: 550 m
Höhenmeter im Abstieg: 550 m

START- UND ZIELPUNKT

Parkplatz der Jugendherberge Nideggen

ANFAHRT

Mit dem ÖPNV: Ruhrtalbahn bis Nideggen-Brück, dort in die Tour einsteigen
Mit dem Auto: Im Effels 10, 52385 Nideggen (Navi)

EINKEHR

Unterwegs gibt es keine Einkehrmöglichkeit. Nach der Tour lassen sich aber in Nideggen zahlreiche Restaurants und Ähnliches finden.

Das ursprüngliche Rurtal bei Nideggen-Brück

Rur
Kallerbend
Roland
FFH-Gebiet
Ruraue von Heimbach bis Obermaubach
Hindenburg-Tor
Zerkall
Zerkall
Laacher Berg
Gut Laach
Devonschiefer
Devonschiefer
mit Quarzgängen
Hirtzley
Nideggener Bach
300
K32
L249
L33
310
L11
L11
248
Rosbach
Rur
Nideggen-Brück
Brück
Nideggen
Burgruine
Berger Acker
Thumer Fließ
Picknickplatz
Kürzenbusch
340
Eifelblick Effelsdach
324
321
L249
350
265
L246
Schüdder-
felderhof
Hetzingen
Nationalpark
Eifel
Kall
200
Wingerstsberg
188
Hetzinger Hof
290
0
1
km

TOUR 7

Durch das Rheinische Braunkohlegebiet

Sophienhöhe

Das Braunkohlekraftwerk Weisweiler im Sonnenuntergang

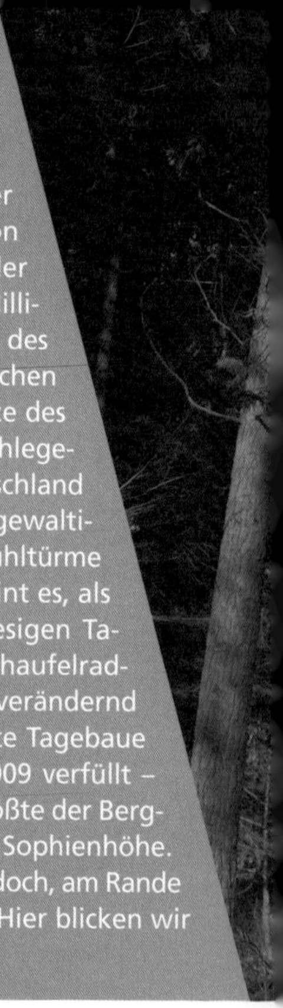

Von 25 Millionen Jahren war das Gebiet der heutigen Niederrheinischen Bucht noch von der Nordsee überflutet, deren Küste in der Nähe des heutigen Bonn lag. Im Miozän, vor 20 Millionen Jahren, bildeten sich in den Küstenbereichen des Meers riesige Sumpfgebiete mit gewaltigen tropischen Pflanzen. Aus diesen Wäldern entstanden die Flöze des westlich von Köln gelegenen Rheinischen Braunkohlegebiets – ein wichtiger Energielieferant für ganz Deutschland mit einigen der größten Tagebaue der Erde. Die gewaltigen Kraftwerke fallen sofort ins Auge, deren Kühltürme riesige Wasserdampfwolken ausstoßen. Fast scheint es, als seien am Horizont Vulkane ausgebrochen. In riesigen Tagebauen wird die Braunkohle mit gewaltigen Schaufelradbaggern abgebaut – Maßnahmen, die landschaftsverändernd sind. Mit dem Abraum werden bereits ausgekohlte Tagebaue verfüllt – so wurde der Tagebau Bergheim bis 2009 verfüllt – oder der Abraum wird auf Halden getürmt. Die größte der Bergbauhalden ist mit einer Höhe von 200 Metern die Sophienhöhe. Weite Bereiche sind bereits rekultiviert, im Süden jedoch, am Rande des Tagebaus Hambach, wächst die Halde weiter. Hier blicken wir in den größten deutschen Tagebau.

Bevor wir unsere Tour starten, sollten wir unbedingt einen **Abstecher zur Aussichtsplattform des Tagebaus Hambach** machen, um einen Eindruck von seiner schier unfassbaren Dimension zu bekommen. Von der direkt an der Abbaukante gelegenen Aussichtsplattform fällt der Blick in das jetzt 400 Meter tiefe Loch; links unten sehen wir das mächtige Braunkohleflöz, das von 100 Meter hohen Schaufelradbaggern abgegraben wird. Während die Braunkohle über Förderbänder zum Zug in Richtung Kraftwerk transportiert wird, gelangt der Abraum ebenfalls über Förderbänder nach rechts an den anderen Rand des Tagebaus und wird dort von riesigen Absetzern wieder aufgeschüttet und zur immer weiter nach Norden wachsenden Sophienhöhe aufgetürmt. Es ist gut, einen Eindruck von der Halde zu gewinnen, bevor wir sie bewandern. Auch nach der Tour lohnt sich hier ein Stopp – der Tagebau wirkt im Licht der untergehenden Sonne gänzlich anders.
Wie kommt man hin? Wir verlassen die B 55 an der Ausfahrt Bedburg und folgen den großen, deutlichen Hinweisschildern „Aussichtspunkt Tagebau Hambach". In Angelsdorf den Abzweig nach rechts nicht verpassen, hier haben wir bereits einem imposanten Blick auf die So-

Der Mammutbaumwald auf der Sophienhöhe

phienhöhe, am Feldrand sehen wir eine Galerie grüner Pumpen. Aufpassen: Auf der RWE-Werksstraße kommt der Parkplatz zum Aussichtspunkt recht plötzlich.

Um zu unserem eigentlichen Startpunkt, dem **Wanderparkplatz „Höller Mühle"**, zu kommen, fahren wir zurück auf die B 55, hier ein kleines Stück weiter Richtung Norden bis zur Ausfahrt Ameln. Oben fahren wir rechts und biegen dann in den ersten Feldweg rechts ab. Wir fahren bis genau an den Rand der Sophienhöhe, wo der Wanderparkplatz ist. Einst stand hier tatsächlich eine Mühle.

An der Einfahrt in den Feldweg haben wir wieder die **grünen Pumpen** gesehen, sie ziehen sich rund um den Tagebau. Diese Brunnengalerie senkt den Grundwasserspiegel in eine Tiefe von über 400 Metern ab, damit kein Grundwasser in den Tagebau laufen kann. Würde der Grundwasserspiegel nicht abgesenkt, dann würde das Grundwasser den Tagebau fluten. Wenn keine Braunkohle mehr abgebaut wird, will der Rheinbraun-Nachfolger RWE genau das tun: Der Tagebau soll mit Grundwasser gefüllt werden, sodass hier der zweitgrößte See Deutschlands entsteht.

Vom Parkplatz „Höller Mühle" führt nur ein Wanderweg hinauf auf die **Sophienhöhe**, dem wir konsequent an jeder Wegkreuzung aufwärts folgen. Wir orientieren uns an der Markierung „X". Fast oben angekommen erreichen wir den ersten Aussichtspunkt. In Richtung Osten blicken wir auf die qualmenden Kühltürme der beiden Braunkohlekraftwerke Niederaußem und Neurath. Letzteres ist Europas zweitgrößtes Braunkohlekraftwerk mit 4400 Megawatt Leistung. Nur das polnische Kraftwerk Belchatow ist größer.

Bevor wir von diesem Aussichtspunkt weiter nach links hangaufwärts gehen, machen wir noch einen Abstecher über die hinter uns liegende Wiese. An ihrem Ende führt ein Feldweg nach 100 Metern zu einem verträumt daliegenden See, der im Sommer von gelbblühenden **Ginsterbüschen** umstanden ist und langsam mit Schilf und Rohrkolben zuwächst.

Wir folgen dem Wanderweg und erreichen nach 300 Metern wieder einen **Aussichtspunkt**, der uns einen weiten Überblick über die bereits rekultivierte Sophienhöhe im Vordergrund und die frisch aufgeschütteten Bereiche im Hintergrund bietet. Vielleicht steht direkt vor uns ein gewaltiger Absetzer, der die typischen Erdwülste aufschüttet, die wir überall im rekultivierten Gelände ausmachen können und die wir auch schon beim Blick in den Tagebau gesehen haben. Rundum ist das Gelände wellig mit langgestreckten Hügellinien. So haben die Absetzer des Braunkohleabbaus den Abraum aufgeschüttet, er wurde nicht planiert und nicht verfestigt. Der Boden ist locker, Pflanzen können gut darin wurzeln.

Der Inselsee auf der Sophienhöhe

Der Römerturm ist der beste Aussichtspunkt auf der Sophienhöhe.

Schon während der gesamten bisherigen Wanderung konnten wir auf dem Boden Kieselsteine in allen Formen, Farben und Größen beobachten. Sie erinnern doch sehr an die Rheingerölle von Tour 9 auf der Erpeler Ley oder gar von Tour 16 am Rheinufer – und tatsächlich: Es sind **Rheingerölle**. Über den tertiären Meeressedimenten, die das Braunkohleflöz bedecken, liegen mit einer Mächtigkeit von etwa 25 Metern Sedimente der Hauptterrasse, Material, das der Rhein vor 800.000 Jahren im Erdzeitalter Pleistozän dort abgelagert hat.

Bald erreichen wir die Wegkreuzung mit **Rettungspunkt 55**. Die Hochfläche ist ebenfalls mit Ginsterbüschen bewachsen – im Sommer blüht es überall herrlich gelb. Direkt rechts unter uns im Tal liegt der **Schluchtsee**, ein bei der Rekultivierung künstlich angelegter See. Einige solcher Seen finden sich auf der Sophienhöhe. Häufig kreisen über dem Schluchtsee schreiende Greifvögel, die über dem Tal anscheinend besonders gute Aufwinde haben.

Einige Hundert Meter weiter erkennen wir links am Horizont hoch über der Vegetation die weiße Kugel des Wetterradars, an dem wir später näher vorbeikommen werden. Direkt links des Wegs finden wir eine große weiße Fläche aus aufgeschüttetem weißen Quarzsand. Diese Vorkommen finden sich in der Region großflächig. Sie liegen unter den Braunkohleflözen. Durch tektonische Bewegungen kam es aber dazu, dass die Schichten angehoben wurden und die aufliegende Braunkohle erodiert wurde. So liegen miozäne Quarzsande schon einmal höher als die Braunkohle und können abgebaut werden, zum Beispiel bei Frechen in großen Tagebauen. Die Quarzsande dienen als Rohstoff für die Glasindustrie.

Der Weg führt uns weiter zum **Römerturm**, einem Nachbau eines römischen Wachturms. Lange bevor hier der Braunkohletagebau begann, lag 200 Meter tiefer an dieser Stelle eine Römerstraße, die Via Agrippinensis, die durch derartige Türme gesichert war. Derzeit stellt der Römerturm die höchste Stelle der Sophienhöhe dar – der Ausblick ist grandios und gibt uns einen hervorragenden Überblick über die Dimensionen des Braunkohletagebaus. Wir blicken nach Süden in den Tagebau Hambach. 1978 wurde mit dem Aufschluss des Tagebaus begonnen, 1984 die erste Braunkohle gefördert. 40 Millionen Tonnen werden jährlich gewonnen und verstromt, die Vorräte werden noch auf etwa 1700 Millionen Tonnen geschätzt. Im Osten und Westen erkennen wir an den Wolken der Kühltürme drei der fünf größten deutschen Kraftwerke, die Braunkohlekraftwerke Niederaußem, Weisweiler und Neurath.

Unterhalb des Römerturms biegen wir nach links ab Richtung **Steinekompass**. Das ist eine riesige Kompassrose auf der Halde. Die Himmelsrichtungen sind in verschiedenen Gesteinsarten dargestellt, die nicht aus dem Braunkohletagebau kommen. Direkt neben dem Steinekompass steht das bereits erwähnte Wetterradar. Zu schade, dass der Turm eingezäunt ist und nicht betreten werden darf, ein herrlicher Ausblick wäre garantiert. Dank Schutzhütte und Sitzplätzen bietet sich dieser Ort für eine kleine Pause an, im Osten erkennen wir wieder die Kühlturmwolken des Braunkohlekraftwerks Niederaußem am

Qualmende Kühltürme des Braunkohlekraftwerks Weisweiler am Horizont

Horizont. Wir folgen dem Wanderweg Richtung Westen, der dank des Kompasses recht einfach auszumachen ist, und erreichen eine Wiese, auf der seltsame, in die Erde gesteckte Baumstämme in den Himmel ragen – die „Wiese der toten Bäume".

Etwas später biegen wir nach rechts in den Wanderweg „Schießhecke" ab, folgen an der ersten Weggabelung dem linken Weg und stehen kurz darauf am **alten Gipfelkreuz**. Dieser Punkt war einst der höchste Punkt der Sophienhöhe, von hier blickte man steil hinab in den Tagebau. Seit 1981 ist die Halde großräumig einerseits nach Süden und Südwesten, aber auch in die Höhe gewachsen. Neben der Schutzhütte liegt ein riesiger Quarzitblock. Seine Herkunft ist ungewiss, er wird wohl wie viele andere Blöcke auf der Halde aus den Deckschichten des Tagebaus stammen. Ist es ein Findling oder ist es ein Driftblock? Find-

Abraumhalden und Absetzer im Tagebau Hambach

Endlose Förderbänder transportieren Abraum und vergrößern die Sophienhöhe.

linge sind große Gesteinsblöcke, die von den vorrückenden Gletschern transportiert wurden, Driftblöcke schwammen auf Eisschollen auf dem Rhein. Der Brocken ist recht kantig und nicht abgerundet, so wird es sich wohl um einen Driftblock handeln, denn einerseits sind Findlinge durch den Transport per Gletscher meist recht gut abgerundet, andererseits reichte der weiteste Eisvorstoß nach Süden nur bis Krefeld. Von der Schutzhütte aus führt eine Sackgasse in den Wald hinein, an ihrem Ende stehen wir am **Mufflon-Freigehege**. Mit etwas Glück können wir dort das Muffelwild beobachten.

Zurück zur Schutzhütte folgen wir dem Wanderweg gen Süden und stehen bald an einem Wegweiser zum **Mammutwald**. Hier wurden Mammutbäume angepflanzt. Der Name deutet einerseits auf ihre Größe hin, andererseits auch auf ihr Alter. Mammutbäume sind lebende Fossilien, während rezent noch drei Arten existieren, sind fossil erheblich mehr Arten bekannt. Die Riesenbäume gibt es seit der Oberkreide, seit 80 Millionen Jahren. Ein kleiner Pfad führt durch den Mammutwald hindurch, düster ist es dort, wenig Licht gelangt durch die Baumkronen zum Boden.

Wir verlassen den Mammutwald und gelangen wieder auf den Wanderweg, halten uns links, gehen zurück am alten Gipfelkreuz vorbei in

Richtung Römerturm. Nachdem wir noch einmal die herrliche Aussicht vom Turm aus genossen haben, führt unser Weg von dort in nördliche Richtung, wir gelangen auf den **Krummen Weg**, dem wir folgen, bis rechts des Wegs das **Höller Horn** auftaucht. Unübersehbar ist die große weiße Sandfläche, obenauf steht ein spitzer Turm. Das Höller Horn, einer der höchsten Gipfel der Sophienhöhe, ist eine Sukzessionsfläche, das heißt, auf dem weißen Quarzsand soll sich eine dafür typische Vegetation vollkommen selbstständig und ungehindert entwickeln. Der angeschüttete weiße Quarzsand weist sehr viele, meist kleine Milchquarzgerölle auf. Auffällig sind die stellenweise sehr zahlreichen rotbraunen Limonit-Konkretionen, die teilweise über 30 Zentimeter groß sind.

Vom Höller Horn geht es nun zurück zum Parkplatz. Wir gehen den Krummen Weg bis zur nächsten Kreuzung, dort biegen wir nach rechts in den ausgeschilderten Oberen Randweg ab, um am Ende wiederum rechts und an der kurz darauffolgenden Weggabelung nach links abwärtszugehen. An der bald auftauchenden kleinen **Lichtung mit Tisch und Bank** gehen wir nach rechts, den nächsten Weg links und dann den Serpentinen stets abwärts folgend auf dem Weg, auf dem wir die Sophienhöhe erklommen haben, zurück bis zum **Parkplatz**.

Typischer Wanderweg auf der Sophienhöhe

INFORMATION

Streckenbeschreibung: ausschließlich Feldwege
Schwierigkeitsgrad: mittelschwer
Wanderzeit: 5 Stunden
Streckenlänge: 13 km
Höhenmeter im Anstieg: 360 m
Höhenmeter im Abstieg: 360 m

START- UND ZIELPUNKT

Wanderparkplatz „Höller Mühle" an der B 55 bei Höllen

ANFAHRT

Mit dem ÖPNV: leider nicht möglich
Mit dem Auto: Licher Straße, 52445 Niederzier (Navi)

EINKEHR

Es gibt unterwegs keine Einkehrmöglichkeiten. Man findet aber zahlreiche Restaurants und Ähnliches in der nahegelegenen Ortschaft Elsdorf.

Verträumte daliegender See oberhalb der Höller Mühle

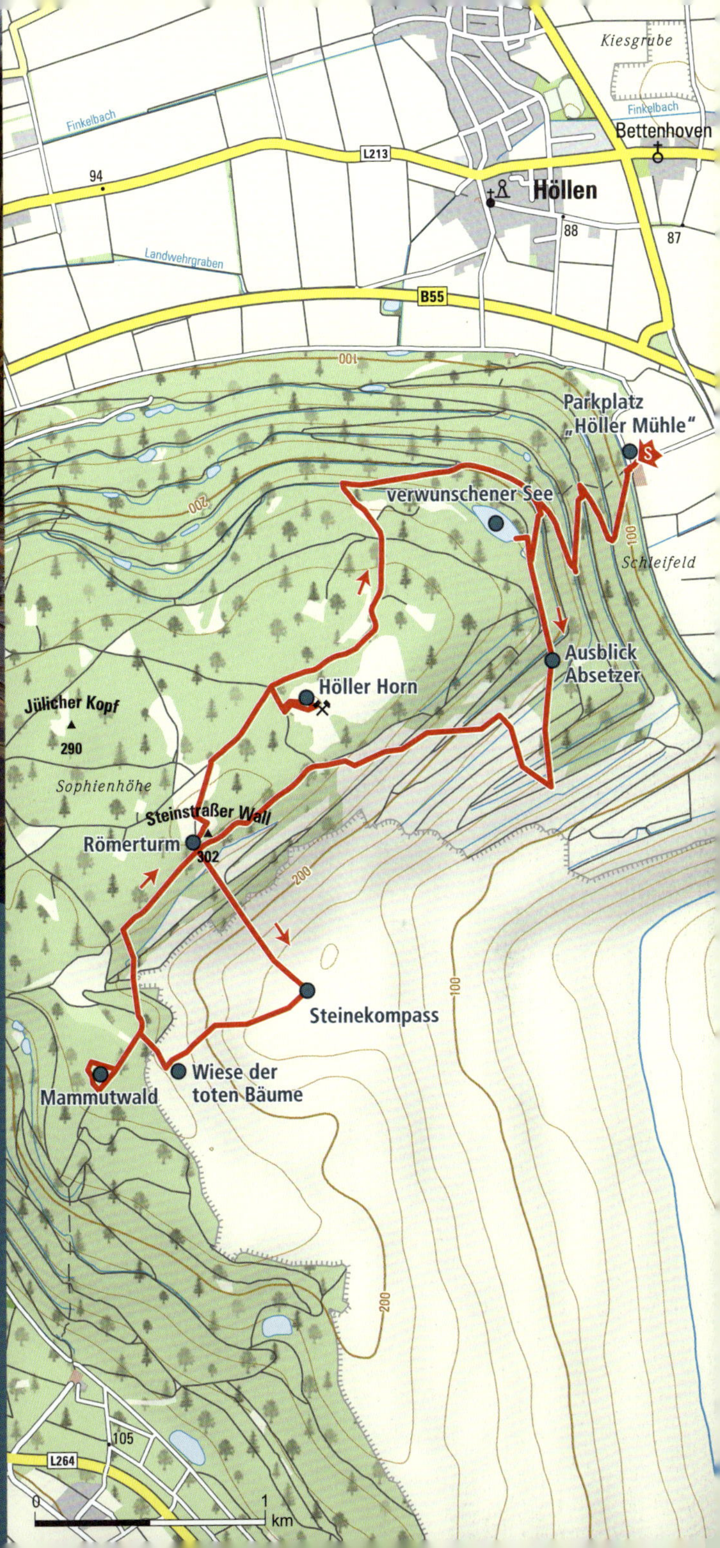
Kiesgrube
Finkelbach
Bettenhoven
L213
94
Höllen
88
87
Landwehrgraben
B55
100
Parkplatz „Höller Mühle“
S
verwunschener See
200
Schleifeld
Ausblick Absetzer
Höller Horn
Jülicher Kopf
290
Sophienhöhe
Steinstraßer Wall
Römerturm
302
Steinekompass
Wiese der toten Bäume
Mammutwald
105
L264
0
1
km

TOUR 8

Über Subvulkane und durch tiefe Täler

Siebengebirge

Morgenstimmung im Buchenwald am Ölender

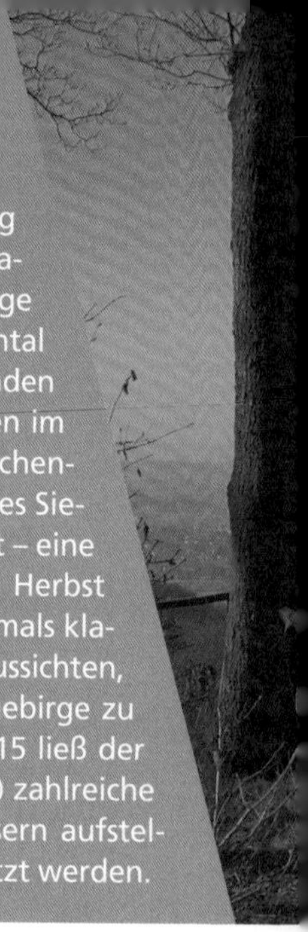

Mit Erpelntalskopf, Löwenburg und Breiberg erreichen wir bei dieser Tour drei der spektakulärsten Aussichtspunkte im Siebengebirge und durchwandern mit Annatal und Tretschbachtal zwei der wildromantischsten Täler. Diese Gegenden gehören eher zu den weniger besuchten Regionen im Siebengebirge, zeigen aber nicht minder als Drachenfels und Ölberg die vulkanologische Geschichte des Siebengebirges. Das Siebengebirge ist dicht bewaldet – eine wunderschöne Landschaft, die gerade im späten Herbst und im Winter ihre besonderen Reize hat. Die oftmals klarere Luft und die fehlenden Blätter ermöglichen Aussichten, die sich im Sommer nicht zeigen. Sich im Siebengebirge zu verlaufen, ist relativ schwer, denn im Frühjahr 2015 ließ der Verschönerungsverein für das Siebengebirge (VVS) zahlreiche neue Basalt- und Grauwackeblöcke mit Wegweisern aufstellen, deren Zielangaben auch auf dieser Tour benutzt werden.

Unsere Tour startet auf der **Margarethenhöhe** am Fuße des Ölbergs. Wir gehen nach Süden, Richtung Löwenburg und passieren das alte **Forsthaus** auf dem Lohrberg, die Geschäftsstelle des Verschönerungsvereins für das Siebengebirge (VVS). Hier gibt es eine große Auswahl an Informationsbroschüren, Karten und Büchern über das Siebengebirge – einfach klingeln und den Shop besuchen! Direkt hinter dem Forsthaus verlassen wir den asphaltierten Fahrweg nach rechts Richtung **Lohrberg-Rundweg**, dem wir nach 150 Metern nach rechts folgen.
Immer wieder stehen links des Wegs Gesteine an, die sich bei näherer Betrachtung als Trachyt erweisen. Der Trachyt ist das typischste Gestein des Siebengebirges, der Drachenfels besteht ebenfalls aus Trachyt, und dieses Material wurde an vielen Gebäuden im Rheinland verbaut, vor allem an den romanischen Kirchen Kölns und am Kölner Dom. Typisch für den Trachyt sind die großen weißen plattigen Sanidinkristalle, die in einer feinen bröckeligen Grundmasse stecken. Am Lohrberg werden sie nur fingernagelgroß, am Drachenfels können sie 10 Zentimeter erreichen.
Bald erreichen wir den Aussichtspunkt auf dem **Erpelntalskopf** mit Schutzhütte und erstmalig bietet sich uns eines der fantastischen Panoramen, für die das Siebengebirge so berühmt ist: der Blick auf das Rheintal, rechts im Hintergrund die Eifel, unter uns die Breiberge, links die bekanntesten Gipfel des Siebengebirges: Drachenfels, Wolkenburg und Petersberg.

Aussichtspunkt „Dreiseenblick" auf dem Erpelntalskopf

Wir folgen dem Lohrberg-Rundweg Richtung Löwenburg. An einer Felskuppe stoßen wir auf eine Plakette für den Förster Günther Leonhardt. Auch das ist eine Eigenart des Siebengebirges: Fast jedem, der sich um das Siebengebirge verdient gemacht hat, wird eine Hütte oder ein Platz gewidmet, zumindest wird irgendwo eine Plakette angebracht.
Hinter der Felskuppe öffnet sich der Blick auf die Löwenburg mit ihrer mittelalterlichen Burgruine. Wir befinden uns am Ende eines Felsriegels, der **Merkenshöhe**, einer langestreckten Lavaintrusion. Die Lava drang hier nicht als rundlicher Körper, sondern als lange Spaltenfüllung in den Tuff und wittert nun als langgestreckter Höhenzug frei. Der Petrologe bezeichnet dieses Gestein als Tephriphonolith, ein basisches, das heißt quarzuntersättigtes Gestein. Es ist dunkel und enthält zahllose kleine helle Nadeln, Kristalle des Minerals Plagioklas.
Vor der Gaststätte **„Löwenburger Hof"** biegen wir rechts Richtung Großer Breiberg ab (Achtung: nicht bergab ins Rhöndorfer Tal). Wir kommen hier später wieder vorbei, nachdem wir die Löwenburg bezwungen haben. Dann lohnt sich auch die Einkehr, denn dann wird der Hunger groß sein. Vorbei an einer gefassten **Quelle** am linken Wegesrand zweigt in der großen Linkskurve ein Pfad nach rechts ab, ein unübersehbarer Wegweiserstein zeigt uns an, dass wir hier auf dem **Rheinsteig** bis zur Breiberghütte weiterwandern. Ein kleiner Pfad ist es nur, der hier durch einen schönen, hohen Buchenwald führt, sobald es wieder hangaufwärts geht, liegt rechts neben uns eine hohe Fels-

kuppe, die aus Quarzlatit besteht, dem gleichen Gestein, das auch die Breiberge bildet. Es handelt sich um den **Ölender**, einen 329 Meter hohen Gipfel, auf den kein Pfad hinaufführt, von dem sich auch kein Ausblick bietet und der nur sehr selten in irgendwelchen Beschreibungen erwähnt wird.

Nach einer Mulde führt der Pfad wieder aufwärts, nun kommt links davon eine Anhöhe: der **Kleine Breiberg**, gerade mal 228 Meter hoch. Der Wald öffnet sich zur Lichtung, hinter der Breiberghütte führt ein Pfad nach oben auf den Gipfel des **Großen Breibergs**. Den sollte sich wirklich niemand entgehen lassen – ein kleiner einsamer Gipfel, nur zwei Bänke stehen hier und nicht viele Wanderer kommen herauf. Hier sollten wir Pause machen, den Ausblick genießen und dabei daran denken, dass das unter uns gelegene Rheintal vor 300.000 Jahren noch nicht vorhanden war, sondern stattdessen eine Ebene bis auf die andere Seite des Rheins ins Drachenfelser Ländchen existierte. Der Ausblick auf das Rheintal und auf Bonn ist famos, vor uns liegen Drachenfels,

Die Teiche im Annatal sind Lebensräume für Amphibien.

Wolkenburg, Petersberg und Geisberg, dahinter sehen wir bei guter Sicht den Kölner Dom, und am Horizont rauchen die Braunkohlekraftwerke bei Bergheim (Tour 7). Interessant ist der Blick auf die großen **Latitsteinbrüche** am Fuße der Wolkenburg, die heutzutage nicht mehr zugänglich sind. Der Latit, aus dem Wolkenburg und Breiberge bestehen, hat ein typisches porphyrisches Gefüge, überall finden sich schwarze Hornblendekristalle im hellen Gestein. Auch die Breiberge sind Quellkuppen, Lavamassen, die einst in die aufliegende Tuffschicht eingedrungen und dort erkaltet sind. Im Laufe der nachfolgenden Jahrmillionen wurden sie freierodiert.

Nach der Pause geht es wieder runter zur **Breiberghütte** und wir folgen dem Rheinsteig unten um den Breiberg herum. Nach einem kleinen Tannenwäldchen sehen wir links im Buchenwald einen alten **Steinbruch**, in dem wir erkennen, dass der Latit grobe, undeutliche Säulenstrukturen bildet, die aber in keiner Weise mit Basaltsäulen zu vergleichen sind. An der nächsten Weggabelung halten wir uns links, gehen um den Breiberg herum Richtung Schaffhausenkanzel, biegen aber an der nächsten größeren Wegkreuzung nach links ab. Nur wenige Hundert Meter dauert es, bis wir links im Hang den Eingang zu einem kleinen, alten **Steinbruch** finden, in dem ebenfalls der Latit des Großen Breibergs abgebaut wurde. Wiederum sind hier die mächtigen, groben, undeutlichen Säulenstrukturen zu erkennen, auch finden sich in den Felsen knollige Strukturen, um die herum das Gestein schalig abplatzt. Derartige Knollen finden wir auch am Boden liegend.
Nachdem wir eine Lichtung überquert haben und hier von unten einen Blick auf die Breiberghütte oben links werfen konnten, führt der Weg

Bemooste Basaltbrocken unterhalb der Löwenburg

Der Wanderweg durch das Tretschbachtal

Vorn die Weinberge des Drachenfels, dahinter das Exkursionsgebiet mit Ölberg, Lohrberg, Löwenburg und den Breibergen

nun neben einem **Teich** rechts hangabwärts. Wir sind im **Annatal**, einem der interessantesten Täter des Siebengebirges. Das ganze Tal ist geprägt von kleinen Teichen und Sümpfen, die Lebensraum einer Vielzahl von Amphibien und Insekten wie auch interessanter Pflanzen sind. Jede Tageszeit – sei es die Morgendämmerung, die Mittagszeit oder der Sonnenuntergang – schafft andere Eindrücke und Lichtspiele und lockt auch andere Tiere hervor, die sich beobachten lassen, wenn man denn genug Zeit mitbringt. Die geologische Karte verrät, dass

wir zunächst auf Lössablagerungen wandern. Nur sehen wir den Löss, ein sehr feinkörniges, fast staubiges, hellbeiges Sediment nicht, es sei denn, er wurde gerade mal bei Wegarbeiten freigelegt. Interessant ist aber der weitere Verlauf des Wegs hangabwärts. Bald tauchen links des Wegs immer wieder mächtige Felsen auf, sie sind meist gut gebankt und fallen in Richtung hangabwärts ein. Es sind **Sandsteine**, die sich im Erdzeitalter Devon vor 400 Millionen Jahren gebildet haben und die den Untergrund des Siegengebirges bilden. Auf diesen Sandsteinen sitzen die Vulkankuppen auf. Während nördlich von hier rund um Ölberg, Stenzelberg, Weilberg, Löwenburg, Lohrberg und so weiter die einst bis zu 200 Meter mächtige Tuffschicht noch erhalten ist, wurde sie hier komplett erodiert. Südlich von hier finden wir keine Tuffe mehr, sondern nur noch Sandsteine, aus denen gelegentlich eine Vulkankuppe hervorschaut.
Immer wieder passieren wir verwunschene kleine Teiche, in manchen wachsen Schachtelhalme, urzeitliche Pflanzen, die es schon in der Steinkohlezeit vor 320 Millionen Jahren gab. Nach der zweiten **Schutzhütte** biegt unser Weg nach links ab. Links des Wegs öffnen sich tiefe Geländeeinschnitte in eiszeitlichem Hangschutt. Am nächsten Teich biegt der Pfad nach links ins **Tretschbachtal** ab. Es ist ein wunderschönes Tal mit teils steilen Seitenwänden. Es führt durch einen hohen Buchenwald, in den kein störendes Geräusch dringt, nur der Tretschbach plätschert, und manchmal hämmert ein Specht. Immer wieder liegen umgestürzte Baumriesen neben dem Weg, der oft recht matschig ist; an manchen Stellen wurden deswegen Holzstege gebaut. Das gesamte Tretschbachtal liegt in den devonischen Sandsteinen, die immer wieder hervorschauen und sich deutlich von den Vulkaniten unterscheiden, weil sich Sandkörnchen erkennen lassen und die eingesprengten Kristalle, die wir in den Vulkaniten sehen, hier fehlen.

Panoramaaufnahme des Siebengebirges vom Rodderberg aus

Am Ausgang des Tretschbachtals gehen wir links, halten uns auf dem Hauptwanderweg rechts und passieren bald die Stelle, auf der wir vor einiger Zeit auf den Rheinsteig abgebogen sind. Nach 100 Metern geht es nach rechts zur **Löwenburg**.

Wer nun müde ist, kann einfach geradeaus gehen, ist bald wieder am Löwenburger Hof und folgt dort dem asphaltierten Fahrweg zur Margarethenhöhe. Alle anderen folgen dem Weg zur Löwenburg, umrunden den Berg halb, bis es nach links zur **Burgruine** hinaufgeht. Zweifelsohne – das ist noch mal ein Anstieg, der uns etwas außer Atem bringen wird, aber er lohnt sich! Die Löwenburgruine ist das Highlight der ganzen Tour. Kein Ausblick im gesamten Siebengebirge ist grandioser. Ein nahezu ungestörter Rundumblick macht die Löwenburgruine zum prädestinierten Aussichtspunkt für Sonnenaufgänge, Mittagspausen und Sonnenuntergänge. Der Blick reicht über Eifel und Westerwald bis weit hinter Köln.

Aber auch geologisch ist die Löwenburg interessant, rund um den Berg sehen wir während des Aufstiegs **Geröllhalden** aus großen, meist bemoosten, aber sonst schwarzen Gesteinsbrocken. Die Petrologen nennen dieses Gestein einen Phonotephrit, ein SiO_2-untersättigtes Gestein. An der ersten Mauer am Weg zur Löwenburgruine, dort wo einst der erste Eingang in die Burg war, erkennen wir grobe, dunkle Säulen, das Gestein sieht aus wie Basalt. Tephrite gehören zur Gruppe der Basalte und sind im Gelände nur schwer von klassischen Basalten zu unterscheiden. Sie können massig sein, aber auch säulig absondern, und sie können kilometerlange Lavaströme bilden. Es reicht für uns, das Gestein hier als Basalt anzusprechen, denn um den Unterschied

herauszuarbeiten, wären Laboruntersuchungen notwendig. Interessant ist die Säulenbildung der basaltischen Gesteine. Kühlt er ab, bilden sich meist säulige Strukturen. Kühlt der Basalt schnell ab, sind die Säulen dünn, hat er viel Zeit zum Abkühlen, sind die Säulen dick. Das

TIPP

Die Löwenburgruine ist der Top-Tipp im Siebengebirge für abendliche Sonnenuntergänge. Mit Rotwein und Knabbereien bewaffnet lassen sich oben herrliche Stunden auf dem Plateau am Baum verbringen. Da danach noch eine Stunde Rückweg zum Parkplatz vor uns liegt, ist eine Taschenlampe notwendig.

passiert sowohl bei Lavaströmen, die aus einem Vulkan über die Erde ausfließen, aber auch bei Lavaintrusionen, also Lavamassen, die in ein anderes Gestein eindringen und kurz unter der Erdoberfläche stecken bleiben und dort abkühlen. (Siehe auch Infokasten „Basaltsäulenbildung", Tour 9.)

Wir gehen auf gleichem Weg wieder abwärts, nehmen den Löwenburgrundweg links Richtung **Löwenburger Hof**, kehren hier ein oder gehen auf dem asphaltierten Fahrweg zur **Margarethenhöhe** zurück, wo man es sich im Gasthaus „Margarethenkreuz" schmecken lassen kann.

Ein schmaler Pfad führt auf den Großen Breiberg.

INFORMATION

Streckenbeschreibung: ausschließlich Waldwege und kleine Pfade
Schwierigkeitsgrad: je nach Variante mittelschwer bis anspruchsvoll
Wanderzeit: ja nach Variante 4 bis 5 Stunden
Streckenlänge: je nach Variante 11 bis 15 km
Höhenmeter im Anstieg: 500 m
Höhenmeter im Abstieg: 500 m

START- UND ZIELPUNKT

Margarethenhöhe bei Königswinter-Ittenbach

ANFAHRT

Mit dem ÖPNV: Vom Bahnhof Königswinter mit der Buslinie 521 bis Margarethenhöhe

Mit dem Auto: Königswinterer Str. 430, 53639 Königswinter (Navi) Parkplätze sind vor Ort vorhanden.

EINKEHR

Löwenburger Hof und das Gasthaus „Margarethenkreuz" liegen direkt am Weg und laden zur Einkehr ein.

Löwenburger Hof
Tel. 02223-24 446
www.loewenburger-hof.de

Margarethenkreuz
Königswinterer Str. 430
53639 Königswinter
Tel. 02223-22 221
www.margarethenkreuz.de
Di. Ruhetag

Hölzerner Wanderweg im Tretschbachtal – nur so gelangt man trockenen Fußes hindurch.

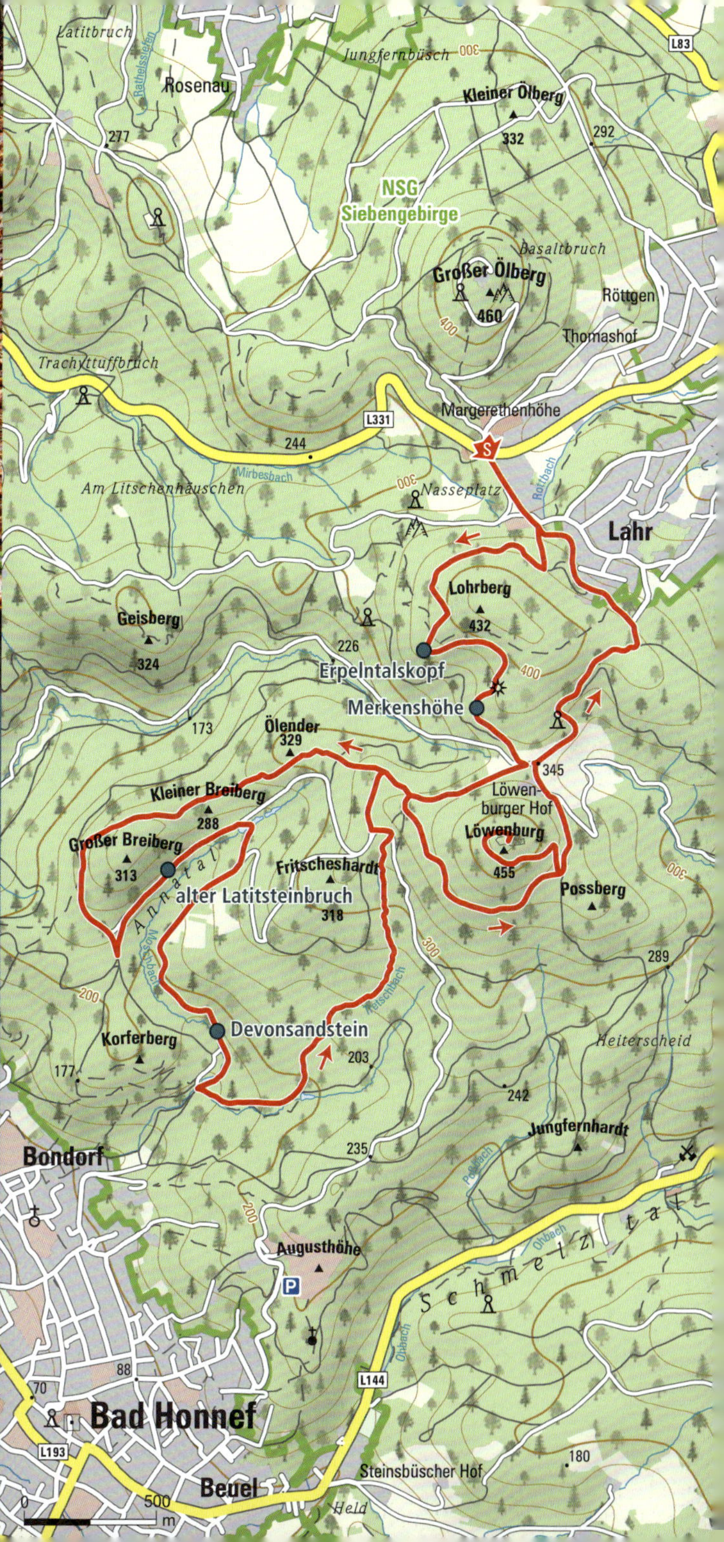
Latitbruch
Rosenau
Jungfernbüsch
300
L83
Kleiner Ölberg
332
292
277
NSG
Siebengebirge
Basaltbruch
Großer Ölberg
460
400
Röttgen
Thomashof
Trachyttuffbruch
Margerethenhöhe
L331
244
S
Mirbesbach
300
Nasseplatz
Am Litschenhäuschen
Lahr
Lohrberg
432
Geisberg
324
226
Erpelntalskopf
400
Merkenshöhe
173
Ölender
329
345
Löwen-
burger Hof
Kleiner Breiberg
288
Löwenburg
455
Großer Breiberg
313
Annatal
Fritscheshardt
318
alter Latitsteinbruch
Possberg
300
200
289
Korferberg
Devonsandstein
Heiterscheid
177
203
242
Jungfernhardt
Bondorf
235
Schmelztal
200
Augusthöhe
P
88
L144
70
Bad Honnef
L193
180
Steinsbüscher Hof
Beuel
0
500
m
Held

TOUR 9

Vom Rhein freigewaschene Basalte

Erpeler Ley

In verschiedene Richtungen weisende Säulen im Basaltstock der Erpeler Ley zeigen das mehrfache Eindringen des Basalts an.

Diese Wanderung führt uns rund um die Erpeler Ley, einen gewaltigen Basaltvulkan, der das Rheintal direkt oberhalb der Brücke von Remagen überragt. Vor 24 Millionen Jahren blieb dieses Magma kurz unter der Erdoberfläche stecken und bildete wunderschöne Basaltsäulen aus. Auf der Ley finden wir Ablagerungen des Rheins, der einst hier oben floss. Wir blicken in das sich öffnende steile Mittelrheintal, sehen den Schuttfächer der Ahrmündung und machen uns einige Gedanken über die Entstehung des Rheins. Ein sensationeller Ausblick ist garantiert.

Am **Bahnhof in Erpel** überqueren wir die Gleise auf der Fußgängerbrücke und biegen nach rechts auf die Bergstraße ab. Ein Stück weiter führt ein Radweg hinauf zum **Tunnel** oberhalb der ehemaligen Ludendorff-Brücke, wo im März 1945 die Amerikaner den Rhein überschritten, nachdem es den deutschen Truppen auf ihrem Rückzug nicht gelungen war, die Brücke zu sprengen. Am Eingang zu diesem ehemaligen Eisenbahntunnel, in dem heute bei 12 °C Theater gespielt wird, haben wir einen optimalen Ausblick auf die Basalte der Erpeler Ley.
Wir folgen dem Radweg bis **Kasbach**, biegen nach links in den Ort ein, folgen der Hauptstraße, bis hinter einem Trafohaus links eine Treppe hinaufführt. Hier geht der **Rheinsteig** entlang, der Weg ist mit einem blauen Zeichen markiert. Allerdings biegen wir schon bald in einen Pfad nach rechts in Richtung Kalenborn ab; eine Bank steht an dieser Weggabelung. Wir verlassen den Rheinsteig und folgen dem Pfad, der mit gelben Zeichen gut markiert ist, bis er auf einen größeren Waldweg mündet. Nun biegen wir nach links ab und gehen auf diesem Weg, bis wir die Felder zwischen Orsberg und Bruchhausen erreichen. Dort halten wir uns an einem asphaltierten Weg rechts, bis wir den Ortsrand von **Bruchhausen** erreicht haben. Wir überqueren die Orsberger Straße, biegen vor dem Waldrand nach links ab auf den Feldweg, der am Waldrand entlangführt, und folgen ihm eine Weile. Immer wieder stoßen wir auf Hochsitze. Einer hat eine eher exponierte Lage etwas im Acker. Kurz davor liegt rechts im Wald der alte **Basaltsteinbruch Wiesbösch**. Das Betreten ist allerdings gefährlich und verboten. Auch dieser Basalt hier ist tertiären Alters und vor etwa 25 Millionen Jahren entstanden. Er gehört ebenso zum Siebengebirgsvulkanismus wie die am Horizont gut sichtbare schräge Kuppe des Meerbergs. In dieser Höhenlage gab es einst auch Tonvorkommen, die abgebaut und per Seilbahn nach Unkel in die „Tonwerke Erpel" transportiert wurden.

Blick auf das Rheintal von der Erpeler Ley aus

BASALTSÄULENBILDUNG

Basaltische Lava ist Lava mit einem so geringen SiO_2-Gehalt, dass kein freier Quarz enthalten ist. Sie ist relativ fließfähig und kann als Lavastrom aus einem Vulkan ausfließen oder – wie bei der Erpeler Ley – kurz unter der Erdoberfläche im Gestein stecken bleiben. Die über 1000 °C heiße Basaltlava bildet bei der Abkühlung häufig Säulen. Bei der Abkühlung schrumpft der Basalt, er kühlt von außen nach innen ab, es bauen sich Zerrspannungen auf, die Risse entstehen lassen. Die stabilste und den Platz am besten ausnutzende Form ist das Sechseck, wie es auch bei der Bienenwabe vorkommt – die perfekte Basaltsäule ist deshalb sechseckig. Allerdings gibt es auch vier-, fünf- und siebeneckige Säulen, und nur im Idealfall sind auch die sechs Seiten gleich lang. Basaltsäulen werden umso dicker, je langsamer sie abkühlen. Dünne Säulen wie an der Erpeler Ley bedeuten also schnelle Abkühlung. Basaltsäulen bilden sich senkrecht zur Abkühlungsachse; bei einem ausgeflossenen Lavastrom kommt die Abkühlung von oben und unten, die Säulen stehen senkrecht. Jetzt betrachten wir die Erpeler Ley und überlegen, woher denn hier die Abkühlung kam: Sie kam zu verschiedenen Zeiten von verschiedenen Seiten, es drang mehrfach Lava in die Sandsteine, drängte um die bereits vorhandenen Basalte herum und hatte nun eine andere Abkühlungsachse, dementsprechend bildeten sich Basaltsäulen, die in alle Richtungen zeigen.

Wir biegen nach rechts auf einen asphaltierten Weg ab und kommen bald an einem einsam gelegenen Wohnhaus vorbei. An einer Weggabelung folgen wir dem Hauptweg nach rechts, passieren eine **Schutzhütte** und kurz darauf zeigen uns Wegweiser nach links den Aufstieg auf den **Stuxberg**. Oben auf dem Plateau unter dem **Funkturm** erwartet uns ein herrlicher Blick auf das Rheintal. Hier oben begegnet uns wieder die blaue Markierung des Rheinsteigs, der folgen wir nun ein Stück, bis wir an einer Straße stehen, links neben uns sehen wir den **Unkeler Wasserfall**. Wir verlassen den Rheinsteig und gehen die Straße nach links, es gibt einen Fußgängerweg. An der B 42 können wir auf der antiquiert wirkenden Fußgängerbrücke die Straße überqueren und uns in einem Grill-Imbiss gegenüber stärken.
Wieder zurück gehen wir an der **Obsthandlung Stuxhof** vorbei und halten uns links. Vorbei an der Kita folgen wir dem Weg an den Weinbergen entlang. Eben noch saßen wir auf dem Stuxberg, jetzt wandern wir an seinem Fuß und betrachten die schön gebankten devonischen Sandsteine, die hier das Grundgebirge bilden. In diese Sandsteine drangen vor 25 Millionen Jahren die Basalte ein, auch die Basalte der Erpeler Ley. Hier jedoch interessiert uns eine andere geologische Struktur: eine **Falte**. Von weiter weg ist sie besser zu sehen. Links des Funkmasts ziehen Weinberge den Hang hinauf. Links davon stehen Sandsteinbänke nahezu senkrecht, rechts davon gleiten sie sanft in Richtung Erpeler Ley. Wer die Sandsteinbänke genau verfolgt, der erkennt, dass sie eigentlich oberhalb der Weinberge umbiegen – obwohl das Gestein relativ verwittert ist. In diesen Sandsteinen finden sich häufig auch Fossilien.

Der Stuxberg mit der Unkeler Falte

Reste der Seilbahn zu den Tonwerken Unkel

Vor der **Burg Viszelt** zweigt nach links ein kleiner Waldweg ab, wir gehen durch das offene Tor, folgen dem Weg, der in einer Serpentine aufwärtsführt, biegen bald nach rechts auf den Rheinsteig ab, um ihn nach 100 Metern wieder nach links zu verlassen. Weiter hangaufwärts, nach wenigen Hundert Metern links oberhalb des Wegs im Wald sehen wir die Stützen der alten Transportseilbahn für die bereits erwähnten Tone.

Oben auf dem asphaltierten Fahrweg biegen wir nach rechts ab. In Orsberg gehen wir auf der Landstraße ebenfalls nach rechts, bis zwischen den Häusern nach links der Rheinsteig abzweigt. Dem folgen wir

Das Aussichtsplateau auf der Erpeler Ley bietet einen hervorragenden Blick auf die „Goldene Meile“, den Schwemmfächer der Ahr.

über die Pferdeweiden und finden uns direkt dahinter im Wald in einer hügeligen Haldenlandschaft wieder. Hier wurden einst kleine Braunkohlelagerstätten abgebaut. Diese Vorkommen bildeten sich in kleinen Seen und waren von keiner großen wirtschaftlichen Bedeutung, sie wurden eher als Hausbrand benutzt.
Auf diesen Hügeln und während des ganzen weiteren Wegs bis auf die Erpeler Ley sehen wir, dass der Boden zahllose Rheingerölle enthält. Es sieht aus wie eine Kiesgrube unten am Rhein. Tatsächlich sind es Hauptterrassenschotter, denn vor 800.000 Jahren floss der Rhein hier oben und lagerte bis zu 8 Meter mächtige Kiesschichten ab.
Wir folgen der Rheinsteigmarkierung bis auf das Plateau der Erpeler Ley, an Weggabelungen nehmen wir mehrmals den linken Weg, passieren eine **Schutzhütte** und stehen kurz danach am **Zeppelin-Denkmal**. Von hier blicken wir herab auf den Rhein – ein wunderbares Panorama, gegenüber liegt Remagen, auf der anderen Rheinseite eine flache Ebene, die vom Rhein im Bogen umflossen wird. Das ist die „Goldene Meile“; es sind Sedimente der Ahr, die etwas weiter rheinaufwärts in den Rhein mündet und so den Verlauf des Rheins beein-

flusste. Der Rhein musste den Sedimenten der Ahr ausweichen und wurde sozusagen gegen die Erpeler Ley gedrückt, die es noch nicht gab, die aber dann vom Strom herausgewaschen wurde.
Neben dem **Gasthaus** auf der Erpeler Ley führt die Straße nach unten ins Tal, wir folgen ihr ein Stück, bis nach links ein Wanderweg abzweigt, dem wir hangabwärts nach Erpel folgen. Er führt uns in Erpel auf die Erpeler-Ley-Straße, der wir folgen, bis wir die Eisenbahngleise überqueren und am **Bahnhof** stehen.

Der gewaltige Basaltfelsen der Erpeler Ley

Gut geschichtete Sandsteine am Stuxberg

INFORMATION

Streckenbeschreibung: überwiegend Wald- und Feldwege, aber auch größere Wegstücke auf kleinen Pfaden; ggf. sind Trekkingstöcke sinnvoll
Schwierigkeitsgrad: mittelschwer
Wanderzeit: 5 Stunden
Streckenlänge: 13 km
Höhenmeter im Anstieg: ca. 500 m
Höhenmeter im Abstieg: ca. 500 m

START- UND ZIELPUNKT

Bahnhof Erpel

ANFAHRT

Mit dem ÖPNV: Regionalbahn bis Erpel (evtl. in Linz umsteigen, da nicht jede Regionalbahn in Erpel hält)
Mit dem Auto: Am Schleidentor, 53579 Erpel (Navi)
Der Parkplatz befindet sich in unmittelbarer Nähe zum Bahnhof.

EINKEHR

Direkt an der lauten B 42 liegt der Grill-Imbiss „Prost Mahlzeit". Auf der Erpeler Ley lässt es sich wunderbar auf der Terrasse des Gasthofs sitzen, gut essen und über die Ahreifel schauen.

Prost Mahlzeit
Bruchhausener Str. 17
53572 Unkel
Tel: 02224-70 452
www.prost-mahlzeit-imbiss.de
So. Ruhetag

Gasthof Bergesruh auf der Erpeler Ley
Erpeler-Ley-Str. 1
53579 Erpel
Tel. 02644-33 24
www.erpelerley-bergesruh.de
Mo. Ruhetag

Kiesgrube in den Hauptterrassenschottern bei Bruchhausen

Bruchhausen
Naturpark
Rhein-Westerwald
Hasenacker
Unkel-
brückermühle
Haus Ernich
Unkel
Heister
Stuxhöhe
Stuxberg
142
Unkeler Falte
alter Basaltsteinbruch
Wiesbösch
alte Seilbahn
Burg
Vilzelt
Orsberg
201
Brauerei
St. Severinsberg
Braunkohlegruben
Kasbach-
Ohlenberg
Ohlenberg
Kasbach
Leitzberg
Hütte
123
Erpel
Erpeler-
Ley-Plateau
Erpeler Ley
190
Erpel (Rhein)
Herresberg
Waldschlößchen
Kloster
Apollinarisberg
Schweisberger Höhe
Tierheim
Remagen
Rhein
Blumenau
Bruchhauser Bach
Ohlenberger Bach
Ockenfelser Bach
Kasbach
K41
B9
L252
B42
K22
K21
L79
0
2
km

TOUR 10

Mit Blick auf das Siebengebirge

Drachenfelser Ländchen

Der Wanderweg hinter dem Hohenberg mit stetigem Blick auf das Siebengebirge

Vor 25 Millionen Jahren stieg im Gebiet des heutigen Siebengebirges Magma auf. Es drang bis kurz unter die Erdoberfläche, kühlte ab und blieb stecken, sodass es keine Vulkanausbrüche gab – Vulkanologen sprechen bei diesen Erscheinungen von Subvulkanen. Im Laufe der nachfolgenden Jahrmillionen witterten diese eingedrungenen Körper frei und stehen heute als Kuppen in der Landschaft. Es sind die Gipfel des Siebengebirges und der Region um Wachtberg, die auch Drachenfelser Ländchen genannt wird und durch die uns diese Tour führt. Der Siebengebirgsvulkanismus und der des Drachenfelser Ländchens bildeten bei ihrer Entstehung noch ein zusammenhängendes Gebiet. Erst lange nach der Phase des Vulkanismus wich die Nordsee – die damals ihr Gestade bei Bonn hatte – zurück, das Rheinische Schiefergebirge hob sich an und erst vor 300.000 Jahren schnitt sich der Rhein in sein heutiges Flussbett durch das Schiefergebirge ein und zerschnitt das Vulkangebiet.

Der Startpunkt dieser Tour ist der **Wanderparkplatz** gegenüber der großen weißen Radarkugel in Wachtberg-Berkum, des **Radoms** des Fraunhofer-Instituts. Es dient als Wetterschutzhülle für einen Parabolspiegel der Weltraumbeobachtung. Das Wachtberger Radom ist mit 47,5 Metern Durchmesser das größte der Welt. Wir gehen vom Parkplatz den Weg neben der Infotafel in den Wald hinein, halten uns links und gehen durch den Buchenwald. An dem größeren Wanderweg, auf den wir nach Kurzem stoßen, biegen wir nach rechts ab. Hier liegen am Boden Rheingerölle, was zeigt, dass der Fluss einst hier oben floss. Rechts des Wegs fällt der Blick in einen tiefen Siefen. Solche Taleinschnitte bilden sich nur auf hartem, festem Gestein, das einen standfesten Hang bilden kann. Wäre das Gestein weich, wäre der Taleinschnitt weit und flach. Tatsächlich ist der **Hohenberg** – einer der vulkanischen Hügel in unserem Wandergebiet, in dem sich auch der Domsteinbruch befindet – eine Trachytkuppe und besteht aus sehr festem Gestein. Auch der Drachenfels im benachbarten Siebengebirge besteht aus Trachyt und stellt nun wahrlich das beste Beispiel für einen steilen Felsen dar (Tour 8). Wir folgen dem Pfad abwärts und umrunden die **Trachythalde**. Große Gesteinsblöcke liegen herum, und an frischen Bruchstellen erkennen wir ein helles, fast weißes Gestein mit schwarzen Einsprenglingen. Auch wenn die großen Sanidinkristalle wie am Drachenfels fehlen, ist es dennoch Trachyt.

Durch die Felder auf dem Weg zum Dächelsberg

Wir umrunden die Halde auf einem schmalen Pfad, links die Trachytbrocken, rechts der Maschendrahtzaun, ein kurzes Stück später führt der Pfad die Gesteinshalde hinauf und verlangt eine kleine Klettereinlage. Oben halten wir uns rechts und folgen dem Pfad. Hinter einem Garten gehen wir links und durchwandern eine hügelige Haldenlandschaft, dabei bekommen wir Einblicke in den alten **Trachytsteinbruch**. Wir wandern auf die Häuser zu, biegen nach rechts auf den Fahrweg ab, verlassen den Wald und … unglaublich – welch ein **Panorama**! Vor uns liegt das komplette Siebengebirge und wir werden diesen fantastischen Anblick nun eine Stunde lang genießen können. Der Weg führt hangabwärts, rechts hinter den Pferdeweiden sehen wir ein Wäldchen, darin liegt der eigentliche Domsteinbruch, den wir nicht betreten können. Schon die Römer bauten hier am Hohenberg Trachyt ab, sie befestigten damit Straßen und Militärlager. 1840 wurde das Baumaterial für den Kölner Dom knapp, da der Trachytabbau am Drachenfels eingestellt wurde. Der Domsteinbruch in Berkum lieferte weiteres Material und kam so zu seinem Namen. Große Steinquader wurden auf Pferde- und Eselsfuhrwerke geladen und nach Köln gefahren. Die Route führte auf dem Eselsweg am Dächelsberg vorbei – beide besuchen wir im späteren Verlauf dieser Tour. 1907 wurde der Domsteinbruch stillgelegt. Auf dem asphaltierten Fahrweg überqueren wir die Straße und wandern geradeaus auf das Siebengebirge zu. Vorbei an Streuobst-

wiesen mit alten, schönen Birnbäumen ist diese Wandertour gerade im Frühling zur Baumblüte ganz besonders reizvoll. Nicht nur hier, sondern überall in der Landschaft blühen dann die Obstbäume herrlich.

Links des Wegs taucht eine Plantage mit kleinen **Apfelbäumen** auf, stramm stehen sie Spalier, weit entfernt von der Vorstellung einer urtümlichen Streuobstwiese. Hinter dieser Plantage biegen wir rechts in den Feldweg hangabwärts Richtung Bachtal ein, unten angekommen gehen wir links. Durch Pferdeweiden hindurch führt unser Weg, rechts geht es über eine Brücke und kurz drauf auf dem Fahrweg nach links. Hier ist der Eingang zur ehemaligen **„Grube Laura"**, einem einstigen Erzbergwerk, auf dessen Grund jetzt herrlich gelegen eine Reitanlage und ein Turnierplatz sind. Im Untertagebetrieb wurden hier Erze gewonnen: Zink-, Blei- und Kupfererze wurden von 1804 bis 1912 abge-

Basaltsäulen bilden den Dächelsberg.

Panoramablick auf den Steinbruch am Dächelsberg

baut. Leider ist vom einstigen Bergwerk fast nichts mehr zu sehen, nur noch alte Dokumente sind überliefert. Nur rechts vom Eingang zum Reitplatz erkennen wir den Rest eines Schornsteins der ehemaligen Erzschmelze. Gegenüber auf der alten Abraumhalde wachsen sogenannte Zeigerpflanzen, die nur auf einem Boden mit ganz bestimmten Mineralen oder Elementen gedeihen. Hier ist es die Hallersche Schaumkresse, die den schwermetallbelasteten Boden liebt.
Wir überqueren den Parkplatz neben der Reitanlage und biegen dahinter nach rechts in den asphaltierten Fahrweg ein, der etwas hangaufwärts führt. Nach 200 Metern halten wir uns links und biegen auf den als **Dächelsberg-Route** markierten Wanderweg ab. Wir folgen ihm durch die Obstbaumplantagen bis auf Weiteres. Bald nähern wir uns dem nächsten Highlight unserer Tour. Ein grandioser Ausblick öffnet sich: vor uns der alte Steinbruch des Dächelsbergs, im Hintergrund das Rheintal mit dem Siebengebirge. Der Dächelsberg-Route folgen wir unten vor der Straße nach rechts, nach 100 Metern zweigt ein unscheinbarer Pfad nach links ab und führt durch Gebüsch. Wir überqueren die Straße und stehen vor dem **Aussichtsturm des Dächelsbergs**, von wo aus wir interessante Einblicke in den alten Steinbruch haben, der unter Naturschutz steht und nicht betreten werden darf. Über 100 Jahre lang wurde am Dächelsberg Basalt abgebaut.
Wir gehen wieder zurück über die Straße, wieder den kleinen Pfad hinauf und halten uns rechts. Wir laufen nun auf dem **Eselweg**, einem historischen Transportweg für den Trachyt des Hohenbergs. Am Abzweig gehen wir nach rechts, unterqueren die Landstraße in einem Tunnel und steuern nach links auf die rote Kirche von **Oberbachem** zu. Leider ist das Baumaterial der Kirche nicht erkennbar, da die Mauern verputzt sind. Alte Beschreibungen aber sprechen vom regionalen Ge-

Die Wasserburg Odenhausen in Wachtberg-Berkum

stein Trachyt des Domsteinbruchs. Schöne alte Natursteinmauern rund um den Kirchhof bestehen aus Grauwacke und Basalt, die Mauer zur Straße hin aus Trachyt. Die Grabsteine auf dem Friedhof sind Jahrhunderte alt.

Gegenüber des Kirchenportals setzen wir unseren Weg neben der **Gaststätte Höllen** in den Hochheimer Weg fort, biegen an der ersten Wegkreuzung nach links ab und wandern nun wieder durch die Felder auf den Höhen, am Horizont steht unübersehbar das Radom von Berkum, der Start- und Zielpunkt unserer Wanderung.

Vor den Häusern von Gimmersdorf gehen wir nach rechts, an der Straße links und folgen der Hauptstraße durch den historischen Ortskern mit krummen alten Fachwerkhäusern und einer schmucken, weißen Kapelle. Auf dem Dorfplatz beschattet eine mächtige, alte Kastanie einige Bänke. Am Ortsausgangsschild biegen wir nach links ab und wandern wieder durch die Felder, direkt auf den vor uns liegenden Stumpeberg, eine bewaldete Bergkuppe, zu. Wir müssen auf den Feldwegen noch einmal nach rechts, dann nach links abbiegen, passieren bald den **Stumpeberg** und stoßen auf einen Spielplatz. Ein herrlicher Ausblick auf die Vulkanlandschaft des Siebengebirges bietet sich von hier.

Vor dem Spielplatz zweigt ein Waldweg ab, der Wegweiser zeigt zum Grillplatz, und schon stehen wir vor dem Eingang zum alten **Stumpeberg-Steinbruch**. Leider ist das Tor meist verschlossen, sodass wir nur durch das Gitter einen Blick auf die Basaltsäulen der hinteren Wand werfen können. Aber vielleicht findet gerade eine Grillparty statt, und

es ist möglich, die Steinbruchwand näher zu betrachten. Auch der Stumpeberg ist ein sogenannter Subvulkan, ein in den Tuff der großen Vulkanausbrüche eingedrungener Basalt, der später als Härtlingskuppe herauspräpariert wurde.
Wir umrunden den Stumpeberg auf einem Pfad durch den Wald, bis links ein anderer Pfad abzweigt. Ihm folgen wir an einem Zaun entlang, bis wir auf die Straße stoßen, an der die historische **Wasserburg Odenhausen** liegt. Sie lohnt einen Blick, auch wenn das Burginnengelände Privatgrundstück ist. Vor der Einfahrt liegt ein tonnenschwerer Brocken aus rheinischem Basalt, die Einfahrt ist mit Basalt gepflastert. Rechts neben der Wasserburg folgen wir der Straße und gehen direkt auf den Wachtberg zu. Am Waldrand angekommen sehen wir, dass rund um einen Rastplatz mit einer Infotafel mächtige Grauwackebrocken mit weißen Quarzadern liegen. Diese Gesteine entstanden aus Sedimenten im Devonmeer vor 400 Millionen Jahren. Brüche im Gestein wurden durch Quarz, der in heißem Wasser gelöst hineinfloss, verkittet.

Das Radom des Fraunhofer-Instituts bei Berkum

Rechts ab führt der Weg zum 1921 erbauten **Ehrenmal**, das an die Menschen erinnert, die im Drachenfelser Ländchen durch Krieg, Terror und Gewalt sterben mussten. Die Mauern des Ehrenmals wurden aus dem Trachyt des gegenüberliegenden Hohenbergs errichtet. Geradeaus am Rastplatz vorbei führt nach 50 Metern ein Weg in den alten Steinbruch. Romantisch zugewachsen ist er, und viel ist von den Basalten, die hier einst abgebaut wurden, nicht mehr zu sehen. Allein unter den Baumwurzeln ragen an vielen Stellen unförmige Basalte hervor.
Wir gehen zurück zum Rastplatz. Gegenüber der Infotafel führt ein Weg in den Wald hinein, ihm folgen wir und halten uns an der Gabelung rechts. Bald stoßen wir auf einen größeren Waldweg, dem wir folgen, bis er zum asphaltierten Fahrweg wird. Wir gehen am Gewerbegebiet vorbei, über die Straße, immer auf das Radom zu. Vor dem Zaun des Radoms gehen wir nach links, an der Straße nach rechts, und schon erreichen wir unseren **Parkplatz** wieder.

Alte Grabsteine aus Basalt am Friedhof von Oberbachem

Der Kopfbuchenwald auf dem Dächelsberg

INFORMATION

Streckenbeschreibung: Wald und Wirtschaftswege, nur durch die Ortskerne jeweils ein kleines Stück Straße, im ersten Abschnitt am Hohenberg wird etwas Trittsicherheit benötigt

Schwierigkeitsgrad: mittelschwer

Wanderzeit: 5 Stunden

Streckenlänge: 13 km

Höhenmeter im Anstieg: 240 m

Höhenmeter im Abstieg: 240 m

START- UND ZIELPUNKT

Wanderparkplatz am Fraunhofer-Institut, Wachtberg-Berkum

ANFAHRT

Mit dem ÖPNV: Bus 856 und 857 bis Haltestelle „Fraunhofer-Institut"

Mit dem Auto: Fraunhofer Straße 20, 53343 Wachtberg (Navi)

EINKEHR

Am Weg liegt die Gaststätte Höllen.

Gaststätte Höllen
Ließemer Kirchweg 1
53343 Wachtberg-Oberbachem
0228-92 39 96 17

Apfelblüte im Drachenfelser Ländchen

Wachtberg
Villip
Wittfelder Kies Hof
Kiesgrube
Gimmersdorf
Oberbachem
Dächelsberg
Basaltbruch
Kürrighoven
Grube Laura
Holzvolder Hof
Hermann-Wilhelm-Hof
Dienacker
Bohnenberg
Eselskopf
Zollenberg
Irrberg
Schießgraben
Züllighoven
Züllighovener Bach
Sprüsselbach
Kernbach
Ramental
Trachytbruch
Domsteinbruch
Hohenberg
263
Berkum
Jesuitenhof
Berkumer Bach
Stumpeberg
Burg Odenhausen
Wachtberg
Basaltbruch
258
Holzem
Villa Haus Holzem
Gut Haus Holzem
Heltenbach
Seibach
L123
K14
K58
130
155
178
190
156
224
172
189
200
187
184
205
219
216
226
S
0
2
km

TOUR 11

Abstieg in die Unterwelt

Kluterthöhle und Klutertberg bei Ennepetal

Die sogenannte Königstraße in der Kluterthöhle

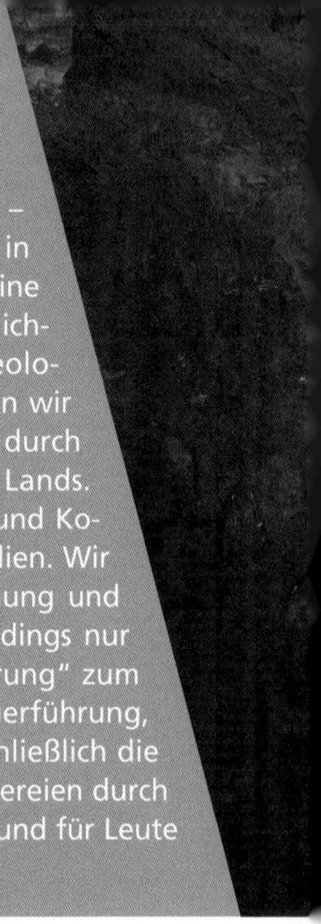

Geologie befasst sich mit dem Untergrund – und so ist es nur folgerichtig, auch einmal in den Untergrund hinabzusteigen und Gesteine im Erdinnern zu betrachten. Eine großartige Möglichkeit dazu bietet die Kluterthöhle. Nach einer geologischen Wanderung über den Klutertberg steigen wir bei dieser Tour hinab in die Erde und wandern durch das devonische Grundgebirge des Bergischen Lands. Einst wuchs hier ein mächtiges Stromatoporen- und Korallenriff, heute begegnen uns wunderbare Fossilien. Wir befassen uns auf dieser Tour mit deren Entstehung und mit der Karstgeologie. Die Kluterthöhle ist allerdings nur mit Führer zu begehen. Es gibt die „Normalführung" zum Hindurchspazieren und Anschauen, die Abenteuerführung, die schon eher einer Höhlentour gleicht, und schließlich die „XX-treme-Tour", ein Höhlenabenteuer mit Klettereien durch engste Gänge, das Kondition und Mut erfordert und für Leute mit Platzangst nicht geeignet ist.

Ausgangspunkt dieser Tour ist der **Eingang zur Kluterthöhle** hinter dem Veranstaltungs- und Kulturzentrum „Haus Ennepetal". Der etwas versteckte Zuweg von dort über eine Brücke ist ausgeschildert.
Bevor es in den Untergrund hinabgeht, schauen wir uns die Gesteine überirdisch an. Am Eingang der Kluterthöhle gehen wir links deshalb vorbei, wandern auf dem **Wanderweg No. 1** immer direkt oberhalb der Bahnlinie und des Flüsschens **Ennepe**, gelangen an den Ortsrand und biegen nach 50 Metern in die Straße „In der Kehr" ab. Wir folgen weiterhin dem Wanderweg, hinter der ehemaligen Deponie macht er eine deutliche Linkskurve und führt hangabwärts. An der ersten großen Weggabelung halten wir uns rechts und folgen der Markierung „Wappenweg". Wir bleiben immer auf dem **Wappenweg** durch den **Gevelsberger Stadtwald**. Es geht vorbei am 331 Meter hohen **Buchenberg** mit seinem Funkmast, einem der höchsten Punkte der Region. Auf dem freien Feld dahinter haben wir einen schönen Ausblick auf die Stadt Gevelsberg.
Wir stoßen auf einen asphaltierten Fahrweg und folgen ihm ein paar Hundert Meter geradeaus. Hier stand einst der **Meininger Haferkasten**, ein historischer Kornspeicher, eine Infotafel erläutert die Geschichte. Wenn jetzt etwas über unsere Köpfe hinwegfegt, ist gerade auf dem nahegelegenen **Modellflugplatz** Betrieb. Kurz dahinter biegen wir nach rechts auf einen Wanderweg mit der Markierung „A2" ab und

Die „Kirche" in der Kluterthöhle

folgen dem Weg immer hangabwärts, auch wenn die Markierung nicht mehr vorhanden ist. Wir gelangen in die Ortschaft **Oberbrinke**. Vor dem Gymnasium biegen wir nach rechts in den Ebbighausener Weg ab, halten uns an der ersten Wegeinmündung links, gehen weiter auf einem kleinen Pfad und passieren den **Sportplatz**.

Noch nicht ganz vorbei am Sportplatz gehen wir rechts ab und sind im Wald am **Klutertberg**. Der alte, ein bisschen zugewachsene Weg führt rund um den Klutertberg. Rechts des Wegs am Hang sehen wir immer wieder mächtige Felsformationen, die nach näherer Untersuchung Kalksteinfelsen sind. Die Kalksteine sind mal grob, mal fein, in jedem Fall aber deutlich gebankt. Wer sie genauer betrachtet, findet Fossilien darin. Nicht nur Korallen und Stromatoporen schauen aus dem Gestein, sondern auch Brachiopoden, am Meeresboden lebende Tiere, die Schalen wie Muscheln bilden. Auffällig ist der mehr als faustgroße Stringocephalus, der uns verrät, dass diese Gesteine in die geologische Givet-Stufe gehören und ein Alter von 390 Millionen Jahren haben. Wer genau hinschaut, erkennt auch hier Karstformen. (Siehe auch Infokasten „Karst", Tour 2.)

Und nun sollten wir uns mal in die Erde hineindenken. Unter uns liegt die Kluterthöhle, eine der größten Höhlen Deutschlands mit fast 6000 Metern Gängen. Wie kann solch eine gewaltige **Höhle** entstehen? Wie schon in der Einleitung geschildert lag die Region des heutigen Bergischen Lands im Erdzeitalter Mitteldevon als großes Meeresbecken nahezu auf dem Äquator – im Norden der gewaltige Old-Red-Kontinent mit dem variszischen Gebirge, im Süden die alte Landmasse Gondwana, die auch das heutige Afrika umfasste. Vom Old-Red-Kontinent wurden im Unterdevon riesige Sedimentmassen in das Meeresbecken gespült, es bildeten sich Grauwacken und Sandsteine. Im späteren Mitteldevon aber hörten die Sandschüttungen auf, es entwickelte sich ein warmes, klares Flachmeer, in dem Korallen- und Stromatoporen (schwammartige Organismen) wachsen konnten. Die wuchsen dort so prächtig, dass sie große **Riffkomplexe** bilden konnten. Im Bereich des Klutertbergs finden sich an der Basis allerdings zunächst rote Schiefer, das sind sandige Sedimente. Wir werden sie auf unserer Tour nicht sehen, sie sind direkt neben der Eisenbahnlinie aufgeschlossen. Darauf liegen ein paar Grauwacken. Darüber folgen die bis zu 12 Meter mächtigen Riffkalke. Eine ganze Zeit lang war das Wasser flach, klar und warm, Riffe wuchsen. Sandablagerungen folgten – der obere Bereich des Klutertbergs besteht aus Sandsteinen, denen wir hinter dem Sportplatz von Oberbrinke begegnet sind. Und ganz obenauf gibt es noch einmal fossilführende Kalksteine, die wir in den Steinbrüchen auf dem Gipfel des Klutertbergs besichtigen können. Das Riffwachstum wurde also mehrfach durch sandige Schüttungen unterbrochen. In den Riffkalken, die eine Ausdehnung von 700 Metern haben, hat sich die Kluterthöhle gebildet.

Auf dem Buchenberg

HÖHLEN IM KALKSTEIN

Kalkstein besteht aus Calciumcarbonat ($CaCO_3$) und verwittert durch Lösung. Er zerfällt also nicht wie Sandstein oder Magmatite durch physikalische Verwitterung in kleine Körner. Kalkstein wird vom kohlensäurehaltigen Wasser mit niedrigem pH-Wert gelöst und weggespült. Dies geschieht nicht nur oberflächlich, sondern auch im Berg. Durch winzige Risse im Gestein fließt das Wasser durch das Gestein. Durch Sandstein fließt es einfach hindurch, im Kalkstein löst es dabei immer etwas Kalk auf und führt ihn ab. Aus dem kleinen Riss wird so eine Spalte, die sich zum Gang und später zur Höhle entwickeln kann. Die größten Höhlensysteme der Erde finden sich in Kalksteinen. Man nennt diese Verwitterungsform Karst. Auch die Kluterthöhle ist entstanden, als durchfließendes Wasser immer mehr Kalk löste.

Versteinerte Korallen in der Kluterthöhle

Ab in die Tiefe

Platzangst darf man nicht haben.

Wir folgen dem Rundweg um den Klutertberg hangabwärts, passieren bald einen weiteren Sportplatz, umrunden ihn und sind nach 500 Metern am Eingang zur **Kluterthöhle**. Was Wasser im Laufe der Zeit in einem Kalkstein anrichten kann, das schauen wir uns nun bei einem Besuch der Höhle an. Sie kann nicht auf eigene Faust, sondern nur mit einer Führung erkundet werden. Um sich in Ruhe die Gesteine anzuschauen und Fotos zu machen, ist am besten die „Normalführung" geeignet. Wer auch ein bisschen mehr in die engen Gänge schauen möchte, macht bei der „Abenteuerführung" mit, und wer endlich einmal richtig Höhenforscher sein will, und sei es nur für zwei Stunden, kriecht durch engste Höhlengänge, robbt durch Schlamm und Pfützen, windet sich kopfüber in unbekannte Löcher, um nach beklemmender Enge irgendwo wieder herauszukommen. Das ist die „XX-treme-Führung" – ein Erlebnis für die, die ein bisschen mehr Mumm haben und sportlich sind.

Manchmal stehen die engen Gänge unter Wasser.

Auch große Hallen öffnen sich …

… oder enge Spalten.

Während sich der Kalkstein schon vor 390 Millionen Jahren bildete, entstand die Kluterthöhle erst in erdgeschichtlich junger Zeit im Tertiär. Wahrscheinlich entwickelte sie sich erst im Laufe der letzten 2 Millionen Jahre, als sich die Mittelgebirge langsam zu heben begannen. Es ist faszinierend, in der Höhle zu stehen und darüber nachzudenken, dass die Hohlräume einst voller Kalkstein waren, der einfach weggelöst wurde. So bekommen wir herrliche Einblicke in die unterirdischen Gesteine, in die Strukturen des Kalksteins und betrachten, wie sich der gelöste Kalk wieder in Form von Kalksinter abscheidet. Er bildet **Sintertapeten** und **Tropfsteine** – wenn in dieser Höhle auch nur in bescheidenem Umfang. Denn die Kluterthöhle ist keine Tropfsteinhöhle. Aber wir wandern durch ein fossiles Riff. Während wir auf der Tour 2 im Schladetal oberirdisch über ein Stromatoporen-Riff hinwegwandern, wandern wir nun mitten hindurch. Die Wände sind voller herrlicher Fossilien, verschiedene Korallen- und Stromatoporen-Arten liegen da wie angeschliffen. Es sind Anblicke, die man nur selten erlebt, den Besuch der **Kluterthöhle** sollte man sich nicht entgehen lassen. Mit diesem Highlight endet unsere Tour.

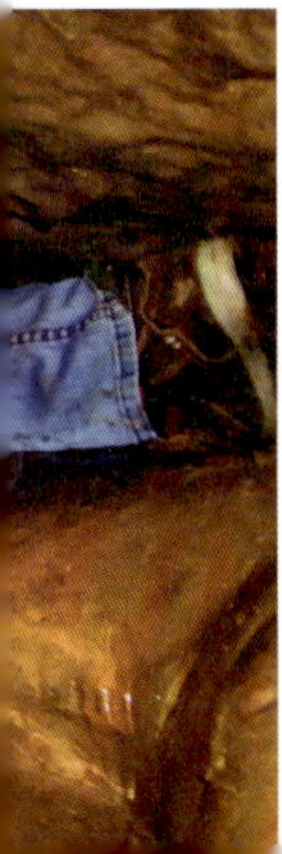

INFORMATION

Streckenbeschreibung: überwiegend Feld- und Waldwege, nur ein kleines Stück Straße, auf dem Klutertberg kleine Pfade

Schwierigkeitsgrad: Wandertour leicht, Höhlentour leicht bis extrem schwer

Wanderzeit: 3 Stunden (plus Zeit für Höhlenführung)

Streckenlänge: 9 km (plus ein paar Hundert Meter in der Höhle)

Höhenmeter im Anstieg: 315 m

Höhenmeter im Abstieg: 315 m

START- UND ZIELPUNKT

Eingang Kluterthöhle

Alle Informationen zu Öffnungszeiten, Führungen und Preisen der Kluterthöhle finden sich unter www.kluterthoehle.de.

Erforscht, bearbeitet und betreut werden die acht Ennepetaler Höhlen am Klutertberg vom Arbeitskreis Kluterthöhle (www.akkh.de).

ANFAHRT

Mit dem ÖPNV: Regionalbahnen bis Bahnhof „Ennepetal (Gevelsberg)", von dort zu Fuß die Bahnhofstraße hangabwärts, links in die Friedrichstraße, nach 50 Metern links „An der Kehr" und über die Brücke – es sind etwa 600 Meter

Mit dem Auto: Gasstr. 10, 58256 Ennepetal (Navi)
Parkplätze finden sich im Parkhaus des in direkter Nähe zur Kluterthöhle gelegenen „Haus Ennepetal".

EINKEHR

Unterwegs gibt es keine Möglichkeit zur Einkehr. Im „Haus Ennepetal" kann man aber das griechische Restaurant „Zorbas" besuchen.

Restaurant Zorbas
Gasstraße 10
58256 Ennepetal
Tel. 02333-83 82 014
www.zorbas-ennepetal.de
Mo. Ruhetag

Durch sehr enge Gänge führen die Wege auf der „XX-treme-Tour".

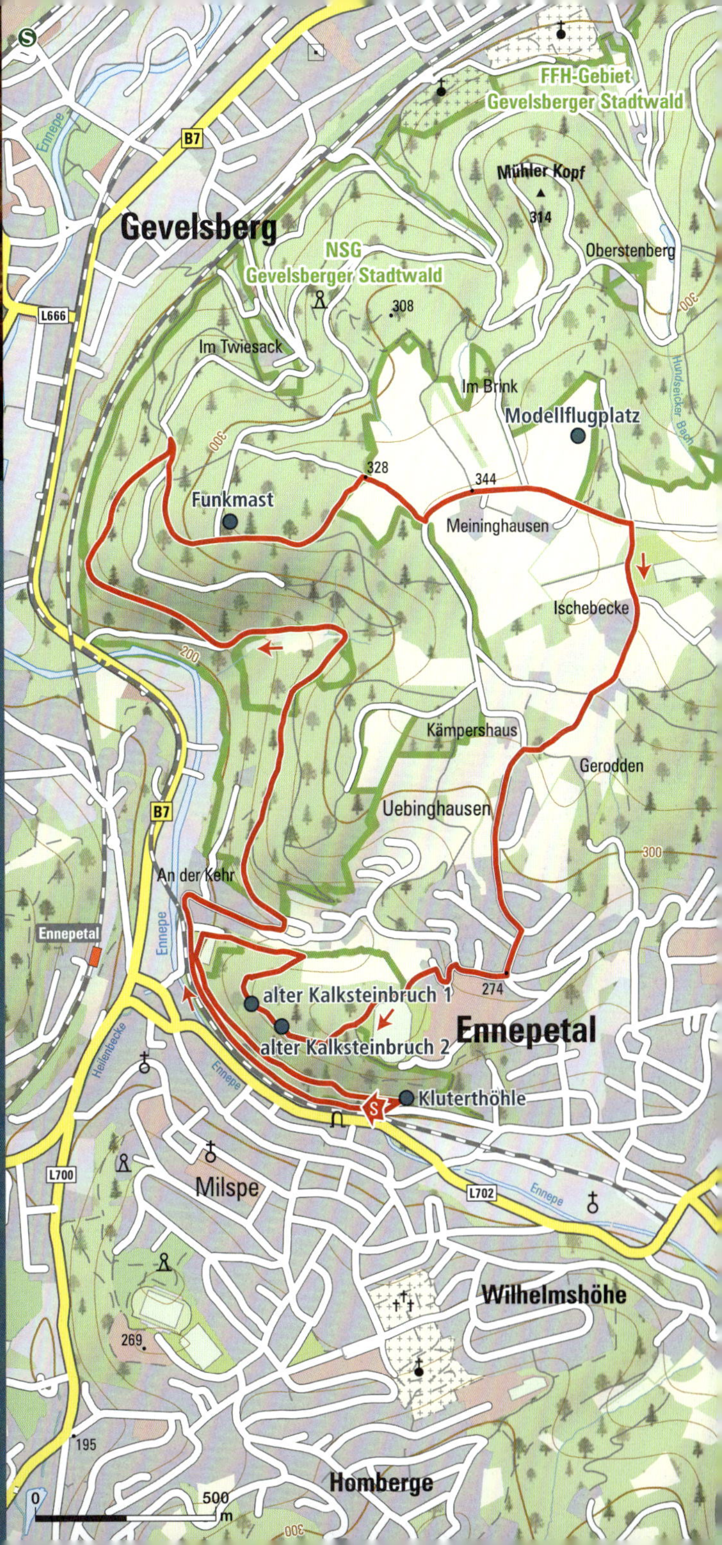

FFH-Gebiet
Gevelsberger Stadtwald
B7
Mühler Kopf
314
Gevelsberg
NSG
Gevelsberger Stadtwald
Oberstenberg
L666
308
Im Twiesack
Im Brink
Modellflugplatz
Hundseicker Bach
300
328
344
Funkmast
Meininghausen
Ischebecke
200
Kämpershaus
Gerodden
B7
Uebinghausen
300
An der Kehr
Ennepetal
Ennepe
alter Kalksteinbruch 1
274
alter Kalksteinbruch 2
Ennepetal
Heilenbecke
Ennepe
Kluterthöhle
S
L700
Milspe
L702
Ennepe
Wilhelmshöhe
269
195
Homberge
0
500
m
300

TOUR 12

Durch die Lavaströme der Osteifel

Ettringen

Die Lavaströme der Ahl bei Sankt Johann

Die Osteifel ist Mitteleuropas jüngstes und einzig aktives Vulkangebiet. Erst 11.000 Jahre ist der letzte Vulkanausbruch her – das ist für Vulkanologen kein Zeitraum, der schon Ruhe verspricht. Die Osteifel ist vor allem durch den touristisch überlaufenen Laacher See bekannt. Wirkliche Highlights liegen anderswo: Diese Tour führt durch die spektakulärsten und schönsten Basaltlavaströme der Osteifel und auf abgelegene Gipfel von besonderer Schönheit. Nirgendwo sind Basaltlavaströme schöner als in der Ahl, nirgendwo sind Basaltlavawände gewaltiger als in der Ettringer Ley, nirgendwo sind Schweißschlacken beindruckender als am Bellerberg. Und die Aussichten von den Gipfeln, die sich auf dieser Tour bieten, sind wirklich vom allerfeinsten. Nach dieser Exkursion versteht man die Vulkane und ihre Lavaströme. Es besteht die Möglichkeit, die Tour abzukürzen und gegebenenfalls in zwei Tagestouren aufzuteilen.

Wir starten am **Parkplatz der Ettringer Ley** und orientieren uns zunächst vulkanologisch. Im Osten blicken wir auf den Ettringer Bellerberg, oben sehen wir eine einsame Bank, auf der wir in einigen Stunden sitzen werden. Aus dieser Vulkangruppe flossen vor 200.000 Jahren drei Lavaströme aus: einer nach Norden in Richtung Kottenheim, einer nach Süden in Richtung Mayen und einer nach Osten. In Letzterem liegt jetzt das Bergbaugebiet der Ettringer Ley.
Vom Parkplatz aus führt neben der Schutzhütte hinter der Schranke der Feldweg hinunter zur größten Basaltlavawand der Eifel. Wir halten uns an jeder Abzweigung links, immer geht es hangabwärts, bis wir vor der gewaltigen **Basaltlavawand** stehen. Bei schönem Wetter sind hier meist Kletterer unterwegs.
Zwei Dinge sollten wir uns vergegenwärtigen: Das riesige Loch der Ettringer Ley ist ein Steinbruch, und wir stehen hier inmitten eines Lavastroms, der abgebaut wurde. Ursprünglich war das alles hier ein steinerner Basaltkomplex, der bis oben zur Landstraße reichte. Alles nur Basalt – und der ganze Steinbruch wurde überwiegend in Handarbeit geschaffen, die Steinbrecher arbeiteten mit Hammer und Schlegel und zerlegten den Basaltlavastrom. Aus ihm wurden neben Pflastersteinen in erster Linie Mühlsteine hergestellt. Mit den überall zu sehenden historischen Bergbaukränen wurden die tonnenschweren Mühlsteine aus dem Tagebau hinaufgezogen und verladen. Die große, 40 Meter hohe Basaltlavawand vor uns ist also Teil des Lavastroms, der vom

Schweißschlacken am Hochstein-Vulkan nahe der Genovevahöhle

Ettringer Bellerberg herabgeflossen kam. Basalt ist fließfähig und bewegt sich durch Mulden und Täler. Hier bestand einst ein Tal, in das der Basaltlavastrom des Bellerberg-Komplexes hineinfloss. Wir können uns vorstellen, dass eine 40 Meter hohe, glühende Lavamasse alles vernichtend auf uns zukommt – eher langsam, aber nichts hält sie auf. Es dauerte lange, bis dieser Lavastrom abgekühlt war, deshalb bildeten sich Basaltsäulen von mehreren Metern Durchmesser, wie wir in der Wand erkennen können.

Wir gehen vom Aussichtsplatz an der großen Wand wieder etwas zurück, halten uns links und folgen nun dem **Rundweg** durch die Ettringer Ley. Immer wieder gibt es interessante Einblicke in den Basaltabbau, bis wir kurz vor Ende des Rundwegs nach links abbiegen und durch die Felder weiterwandern.

Vor der Hecke gehen wir nach links, den ersten Weg wieder links, dann geradeaus bis auf die Straße, der wir nach rechts in Richtung Sankt Johann folgen. Die Straße ist wenig befahren, allerdings sind die Eifeler schon einmal rasant unterwegs – deshalb ist Vorsicht geboten. Wir wollen den grandiosesten Basaltlavastrom der Eifel besichtigen: die Ahl. Also wandern wir 800 Meter am Straßenrand entlang, bis wir **Sankt Johann** erreicht haben, folgen der Straße auf dem Fußgängerweg noch ein bisschen und biegen links in die Barbarastraße ab, die einen Rechtsknick macht. Nach 100 Metern zweigt nach links ein Wanderweg zwischen den Häusern ab. Es geht hangabwärts, unten auf dem

Fahrweg biegen wir rechts in den mittleren Weg ab, folgen diesem nun und halten uns immer rechts durch die alten Steinbrüche der **Ahl**. Hinter der Schranke am Anfang des Schotterplatzes nehmen wir den Pfad rechts bergan. Nirgendwo ist ein Lavastrom spektakulärer als hier. Im Bereich hinter dem Zaun, den wir nach einigen Hundert Metern erreichen, flossen vor 400.000 Jahren zwei 3,5 Kilometer lange Lavaströme des Hochsimmer-Vulkans übereinander.

Der Wanderweg endet an einer **Grillhütte** an der Bürresheimer Straße, wir biegen nach rechts hangaufwärts ab und erreichen bald die **Barbarakapelle**. Sankt Johann war einst ein Bergbaudorf; nicht nur wurde zu seinen Füßen der Basalt abgebaut, etwas unterhalb bei Schloss Bürresheim wurden in der „Grube Silbersand" Blei-, Kupfer- und Eisenerze gewonnen. Halden und Pingen zeugen noch von diesem Bergbau, der bereits um 1400 begann und 1914 endete. Die Heilige Barbara ist die Schutzpatronin der Bergleute. Wir gehen noch ein Stück die Bürresheimer Straße entlang und stoßen auf ein paar alte Häuser, die aus dem regionalen Basalt erbaut sind. An einem historischen **Bildstock** zweigt links der Beller Weg ab, dem wir nun lange geradeaus folgen. Wir halten immer auf den vor uns liegenden Hochsimmer-Vulkan zu. Der Weg bedarf keiner weiteren Beschreibung, wir finden Wegweiser zum Aussichtsturm. Wir erklimmen den **Hochsimmer** und erreichen auf seinem Gipfel den 1909 erbauten **Aussichtsturm**. Der Hochsim-

Panoramaausblick vom Hochsimmer-Turm Richtung Weibern

mer ist mit 583 Metern der höchste Vulkan des Laacher See-Gebiets. Aus 600 Meter Höhe blicken wir über die Osteifel, sehen nördlich den Sulzbusch-Vulkan, im Nordosten den Hochstein – unser nächstes Ziel – und im Südosten den Ettringer Bellerberg mit der Ettringer Ley.
Auf der anderen Seite des Turms folgen wir dem Wanderweg hangabwärts, gehen links, biegen nach ein paar Hundert Metern nach rechts ab zur Simmerhütte. Rund um die Simmerhütte können wir schöne **Lapilli-Schichten** betrachten: mächtige Lagen aus kleinen, nicht verbackenen Lavakügelchen in den Farbtönen Schwarz bis Braun. Mit den Händen können wir sie aus dem Gestein lösen. Es sind kleine Lavakörnchen, die der Vulkan ausspuckte und die im Flug abkühlten und so kalt zu Boden fielen, dass sie nicht mehr miteinander verbacken oder gar verschweißen konnten. Es handelt sich um ein vulkanisches Lockersediment. An der **Simmerhütte** biegen wir nach links ab und folgen dem asphaltierten Fahrweg immer links in Richtung des nächsten Vulkans, des Hochsteins.

ABKÜRZUNG

An der Simmerhütte können wir geradeaus auf dem asphaltierten Fahrweg nach Ettringen gehen; das erspart die Runde über den Hochstein. Auf der Karte wird auch ersichtlich, wie sich diese lange Tour durch die Abkürzung auch in zwei Tagestouren aufteilen lässt.

Alter Bergbaukran auf der Ettringer Ley

Der Aussichtsturm auf dem Gipfel des Hochsimmers

Wir wandern durch die Felder, an der Straße halten wir uns links und gehen zu den schwarzen Lavafelsen auf der anderen Straßenseite. Dort stoßen wir auf mächtige Lapilli-Lagen des Hochstein-Vulkans, die ebenfalls Lockersedimente sind, weshalb dort tiefe Höhlen entstanden sind, die im Krieg auch als Zufluchtshöhlen dienten. Häufig finden wir in diesen Lapilli-Lagen große, braunschwarze, biegsame Kristalle; das ist Biotit, ein häufiges Schichtsilikat.

Hinter den schwarzen Lapilli-Felsen folgen wir dem ausgeschilderten Wanderweg **„Traumpfad Vier-Berge-Tour"** bis zur Genovevahöhle. Rund um die Höhle wird der aufragende Schlackenwall des Hochstein-Vulkans aus Schweißschlacken gebildet. Ganz krass im Gegensatz zu den zuvor kennengelernten lockeren Lapilli, die als kleine Lavatropfen ausgespuckt wurden, wie wir es vielleicht vom italienischen Stromboli kennen, wurden hier vom Vulkan große Lavafetzen ausgeschleudert, die glühend zu Boden fielen, dort auf andere noch glühende Lavafetzen trafen und mit diesen zu einem harten Gestein verschweißten.

Ein kleiner Pfad führt nach ganz oben auf den Felsen über der **Genovevahöhle**, vom dortigen Aussichtspunkt lässt sich sogar der Laacher See sehen. Wir gehen diesen Weg nun wieder ein bisschen zurück, nehmen aber nicht wieder den Traumpfad hangabwärts, sondern verlassen ihn und gehen links. Diesem Weg folgen wir nun in Serpentinen abwärts. An einer Kreuzung, an der sechs Wege aufeinandertreffen, nehmen wir den Asphaltweg, um ihn nach 20 Metern nach links zu verlassen. Wir passieren eine **Schutzhütte**. Am Waldrand erkennen

Perfekte Basaltsäulen in den alten Steinbrüchen der Ahl

wir devonische Sandsteine, den Untergrund der Eifel, und marschieren durch die Felder auf **Ettringen** zu. Auf der Obermendiger Straße wandern wir durch Ettringen hindurch, wir biegen rechts in die Straße „Am Kirchberg" ab. Am Ende gehen wir geradeaus auf einem kleinen Weg zwischen den Häusern hindurch. Im Ortskern von Ettringen finden sich zahlreiche schöne ältere Häuser, die aus regionalen Gesteinen erbaut sind, häufig aus schwarzem Basalt, ebenso häufig aus hellem Ettringer Tuff mit zahlreichen Nebengesteinsbröckchen darin. Wir gehen weiter in die Bäckerstraße, folgen dann der Hauptstraße und biegen nach links in die Keutelstraße ab. Nun geht es immer geradeaus auf den Ettringer Bellerberg zu. Am Ende der Keutelstraße ist der Weg auf den Gipfel des Bellerberg ausgeschildert, wir folgen nun dem „Traumpfad" bis oben an die Bank, die wir schon vom Parkplatz der Ettringer Ley aus gesehen haben.

Der Eingang zur Genovevahöhle auf dem Hochstein

Blick vom Kottenheimer Büden in den großen Basaltsteinbruch unterhalb des Ettringer Bellerbergs

Der Gipfel des **Bellerbergs** ist das letzte Highlight dieser hochinteressanten Tour. Wir sitzen oben auf der Bank und schauen uns um: Hochsimmer-Vulkan hinter uns, links der Hochstein, schräg links der Laacher-See-Vulkan, unter uns ein gewaltiger Steinbruch, in dem die Basalte des nach Norden ausgeflossenen Lavastroms der Bellerberg-Gruppe abgebaut wurden. Zur Bellerberg-Gruppe gehört auch der gegenüber aufragende Kottenheimer Büden. Bellerberg und Büden sind zwei Flanken eines Vulkans. Wo jetzt unter uns die Wiesen sind, waren einst die Ausbruchszentren, die die Lavamassen in die Höhe sprühten, die die beiden Flanken bildeten. Sie bestehen aus mächtigen Schweißschlacken – auf dem Bellerberg-Gipfel stehen wir direkt darauf und können uns von ihrer Härte überzeugen. Stabil und verwitterungsresistent steht der Bellerberg in der Landschaft.
Unten an der Straße sehen wir bereits die großen Steinbrüche der Ettringer Ley. Wir folgen der Traumpfadmarkierung abwärts vom Bellerberg, biegen unten aber nach rechts ab und folgen dem ausgeschilderten Weg zur Ettringer Ley. Wir passieren auf dem Weg die Einfahrt zu einem Anwesen, daneben führt der Pfad in einen der ersten tiefen **Steinbrüche** der **Ettringer Ley** mit steilen Basaltfelsen und historischen Bergbaukränen. Leider ist das Betreten verboten, wir gehen geradeaus und stehen nach 300 Metern wieder auf dem **Parkplatz**, auf dem wir gestartet sind.

INFORMATION

Streckenbeschreibung: überwiegend Feld- und Waldwege, gelegentlich kleine Pfade, durch Ettringen an der Straße entlang und von der Ettringer Ley nach St. Johann ein Stück wenig befahrene Landstraße

Schwierigkeitsgrad: anspruchsvoll

Wanderzeit: 5 bis 6 Stunden

Streckenlänge: 17 km (bei Abkürzung 11 km)

Höhenmeter im Anstieg: 750 m

Höhenmeter im Abstieg: 750 m

Für den Besuch der Genovevahöhle sollte eine Taschenlampe im Rucksack sein.

START- UND ZIELPUNKT

Parkplatz der Ettringer Lay

ANFAHRT

Mit dem ÖPNV: Ettringen ist von verschiedenen Bahnhöfen aus mit dem Bus zu erreichen (www.fahrplan-bus-bahn.de/rheinland-pfalz/ettringen); da die Wanderung durch Ettringen hindurchführt, an der Bushaltestelle „Ettringen Volksbank" starten und über die Keutelstr. zum Ettringer Bellerberg gehen

Mit dem Auto: Vulkanstr. 1, 56729 Ettringen (Navi); von dort aus auf der Mayener Str. (L 82) 1 km nach Süden in Richtung Mayen bis zum Parkplatz der Ettringer Lay

EINKEHR

In Ettringen gibt es verschiedene Gaststätten und Imbisse.

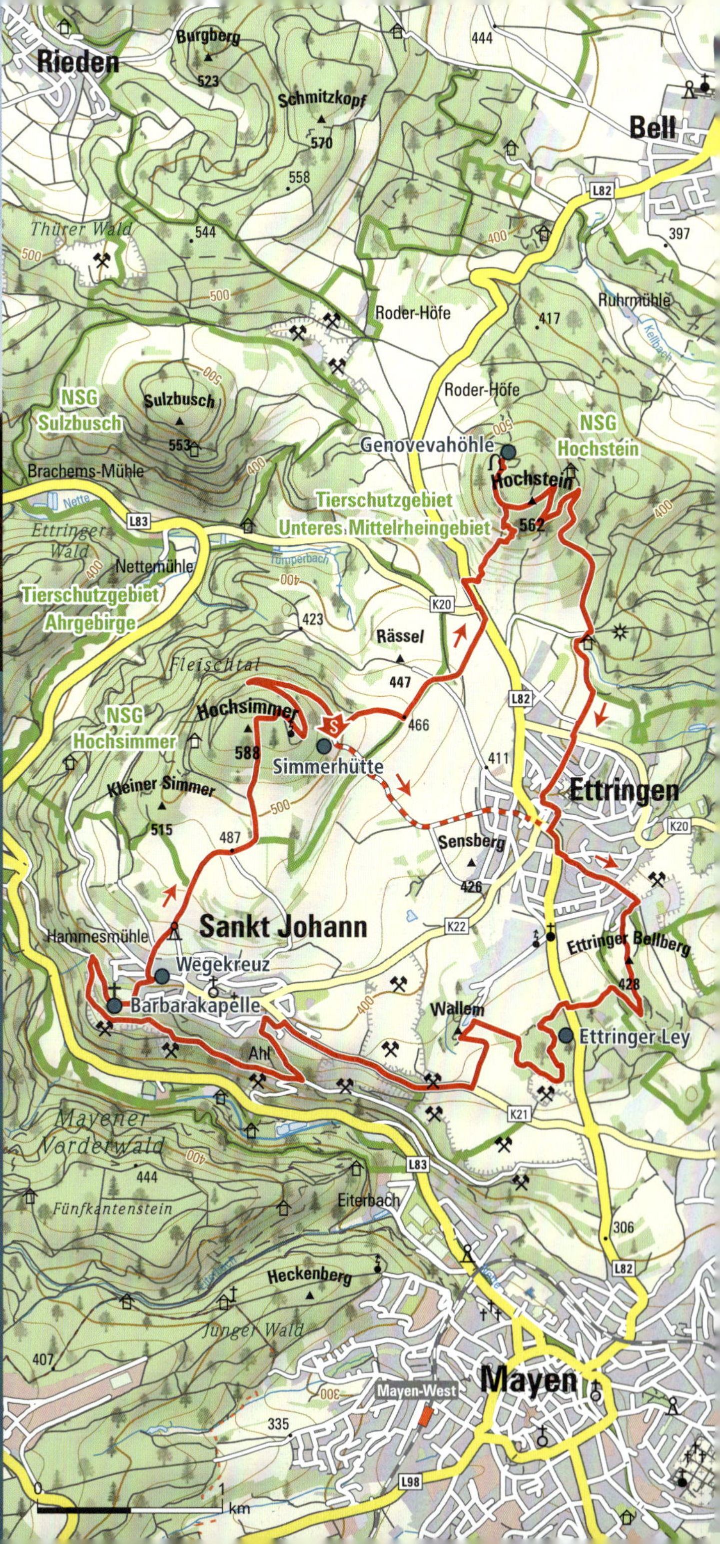
Rieden
Burgberg
523
Schmitzkopf
570
558
444
Bell
L82
397
Thürer Wald
544
500
400
Roder-Höfe
417
Ruhrmühle
Kellbach
NSG
Sulzbusch
Sulzbusch
553
Roder-Höfe
Genovevahöhle
NSG
Hochstein
Hochstein
562
Brachems-Mühle
Nette
L83
Ettringer
Wald
Nettemühle
Tierschutzgebiet
Unteres Mittelrheingebiet
Tierschutzgebiet
Ahrgebirge
K20
423
Rässel
447
Fleischtal
L82
NSG
Hochsimmer
Hochsimmer
588
466
S
Simmerhütte
411
Ettringen
K20
Kleiner Simmer
515
487
Sensberg
426
Sankt Johann
K22
Hammesmühle
Wegekreuz
Barbarakapelle
Ettringer Bellberg
428
Wallem
Ettringer Ley
Ahl
K21
Mayener
Vorderwald
L83
444
Eiterbach
Fünfkantenstein
306
Heckenberg
L82
Junger Wald
407
Mayen
Mayen-West
335
300
L98
0
1
km

TOUR 13

Ein zu weit nördlich gelegener Vulkan

Rodderberg

Aussicht vom „Heinrichsblick“ über das wolkengefüllte Rheintal auf den Drachenfels

Direkt bei Bad Godesberg steht der jüngste und größte Vulkan des Drachenfelser Ländchens: der Rodderberg bei Bonn-Mehlem. Erst vor 300.000 Jahren brach dieser Vulkan aus und schuf einen gewaltigen Aschenkegel, der heute als Paradies für seltene Tiere und Pflanzen gilt. Er stellt einen etwas abseits gelegenen Ausläufer des Osteifel-Vulkanismus dar. Über den Rolandsbogen mit Blick auf das gegenüberliegende Siebengebirge führt diese Tour rund um den Rodderberg.

Diese Tour startet auf dem **Rodderberg** am **Wanderparkplatz** neben der Kapelle. Vor 800.000 Jahren im Quartär begann der Rodderberg-Vulkanismus mit Maarexplosionen; wahrscheinlich drang Rheinwasser durch Störungszonen in den Untergrund, traf auf aufsteigendes Magma, was phreatomagmatische Eruptionen auslöste. Vor 250.000 Jahren bildeten die bis heute letzten Eruptionen den jetzigen Schlackenkegel des Rodderbergs. Im Kessel des Rodderbergs liegt der Broichhof, rundherum führt auf dem Kraterwall entlang ein Rundweg. 1927 wurde der Rodderberg unter Naturschutz gestellt, um ihn vor dem kompletten Abbau zu retten. Etliche Lavagruben zeugen vom Abbau, aber sie gewähren uns auch einen guten Einblick in die Lavaschichten.

Was uns am Startpunkt unserer Tour erwartet, ist zunächst einmal alles andere als vulkanisch: Es sind **Rheingerölle**, denn der Parkplatz liegt auf den Ablagerungen der jüngeren Hauptterrasse. Vor 800.000 Jahren floss hier der Rhein entlang und hinterließ seine Geröllfracht. Das Gelände hob sich in den nachfolgenden Hundertausenden von Jahren, weshalb die Gerölle nun so weit oben zu finden sind. Die Gerölle der Hauptterrasse sind überwiegend gut gerundete Milchquarze, die einen längeren Transportweg hinter sich haben.

Vom Parkplatz aus halten wir uns auf dem Rundweg nach rechts hangaufwärts. Nach links geblickt sehen wir das Rheintal und dahinter das Siebengebirge. Rechts des Wegs hinter dem Holzzaun liegt eine **Lavagrube**, in der die jüngeren Tephren des Rodderbergs aufgeschlossen sind. Wir erkennen, dass die Lavaschichten vom Kessel des Rodderbergs weg schräg abfallen. Im Boden stecken basaltische Lavabomben. Die **Tuffe** hier sind jüngeren Datums; es gibt am Rodderberg aber auch ältere. Tatsächlich unterscheiden sich die Tuffe des Rodderbergs deutlich untereinander. Die älteren Tuffe sind Maartuffe, die aus den ersten Maareruptionen hervorgegangen sind, sie bestehen zu 80 Prozent aus

Frostiger Morgen im Rodderbergkrater

PHREATOMAGMATISCHE ERUPTIONEN

Maareruptionen sind eine Folge des Kontakts von aufsteigendem Magma mit dem Grundwasser. Das Wasser verdampft schlagartig beim Kontakt mit dem über 1000 °C heißen Magma, dehnt sich um den Faktor 1200 aus, und der gewaltige Druck sprengt die über dem Kontaktbereich gelegenen Gesteinsschichten weg. Die Ablagerungen dieser auch phreatomagmatisch genannten Maareruptionen bestehen überwiegend aus Nebengesteinsbruchstücken. Am Rodderberg sind das devonische Sandsteine und Rheinkiesel der jüngeren Hauptterrasse, eben die Gesteine, die über dem aufsteigenden Magma lagen. Derartige Eruptionen dauern so lange an, wie Grundwasser zum Magma nachfließt.

! TIPP

Für diese Tour sollten wir mehr Zeit einplanen als die reine Wanderzeit, denn es gibt ausgesprochen schöne Ausblicke auf das Siebengebirge: Von der Anhöhe mit den Holzzäunen, der Windkuppe, die den Rest des Kraterwalls bildet, aber nicht der Gipfel ist, blicken wir weit auf Bonn, die Kölner Bucht und auf das Siebengebirge. Schön ist der Sitzplatz am Heinrichsblick und herrlich die Aussicht auf das Siebengebirge vom Rolandsbogen aus. Für Frühaufsteher ist es imposant, wenn morgens die Sonne hinter dem Siebengebirge hochkommt und die Welt in ein rotes Licht taucht. An manchen Tagen liegt auf dem Rheintal eine weiße Wolke, die langsam Richtung Norden treibt. Wenn die Sonne aufgegangen ist und sich die Luft erwärmt, steigt die Wolke nach oben, und wie kleine Inseln schauen die Gipfel des Siebengebirges heraus, bis sich die Wolke letztendlich auflöst.

devonischen Sandsteinen und Schiefern, und auch Rheinkiesel sind darin enthalten. Die jüngeren Tuffe bestehen zu 80 Prozent aus Basalt und nur untergeordnet aus Sandsteinen. Das können wir gut erkennen: Die jüngeren Tuffe finden sich in der zuvor genannten Lavagrube sowie auf der Windkuppe des Rodderbergs, dem mit Holzzäunen versehenen Aussichtspunkt nordöstlich des Parkplatzes, über den wir später hinweggehen werden. Den älteren Maartuffen begegnen wir, wenn wir unseren Weg fortsetzen. An der nächsten Weggabelung halten wir uns nach links hangaufwärts; auf dem Weg schauen zwischen lockeren vulkanischen Lapilli feste harte Bänke hervor, teilweise sind über 30 Zentimeter große devonische Sandsteinbrocken enthalten. Diese älteren Maartuffe sind am Rodderberg nur hier aufgeschlossen. Die dicken **Lavabrocken** und **Lavabomben** rechts des Wegs stammen aus den Gruben in den jüngeren Tuffen.

Auf einem asphaltierten Weg geht es weiter, nach links haben wir einen grandiosen Ausblick über die Kölner Bucht mit Bonn und Köln, wir aber biegen nach rechts ab Richtung Rolandsbogen. Durch einen urigen **Akazienwald** führt der Weg; es erinnert fast ein wenig an einen südamerikanischen Dschungel, aber die Aras fehlen. Wir folgen dem

Auf der Windkuppe des Rodderbergs

Weg zum Rolandsbogen, einem Hohlweg, der abwärtsführt, durch eine Unterführung. Wir gehen durch eine hügelige Landschaft voller Rheingerölle – hier stoßen wir wieder auf Ablagerungen der jüngeren Hauptterrasse des Rheins.

Nun steht ein steiler seltsamer Kegel vor uns, ragt wie ein Fremdkörper in den Himmel, obenauf steht der **Rolandsbogen**, der Rest einer mittelalterlichen Burg. Es handelt sich um eine Basaltintrusion, die vor 25 Millionen Jahren in eine heutzutage nicht mehr vorhandene Tuffdecke eindrang, die die gewaltigen Vulkanausbrüche des Siebengebirgsvulkanismus dort abgelagert hatten (Tour 8) und die in den letzten Hunderttausenden Jahren erodiert wurde. Altersmäßig gehört auch dieser Subvulkan zum Siebengebirgsvulkanismus. Anstehenden Basalt und Basaltsäulen sehen wir unterhalb des Rolandsbogens. Erheblich schönere Basalte aber sehen wir auf der Tour 9 an der Erpeler Ley.

Unterhalb des **Restaurants am Rolandsbogen** liegen zahlreiche Basaltbrocken herum, und auch die Mauern entlang der Wege sind aus Basalt erbaut. In jedem Fall erklimmen wir den Hügel hinauf zum Restaurant, wo man Pause machen kann – mit einem der schönsten Blicke auf das Siebengebirge, die möglich sind.

Schafe beweiden den Rodderberg zum Erhalt der Vegetation.

Es geht wieder den Weg zurück, den wir gekommen sind, immer geradeaus auf der asphaltierten Fahrstraße. Nach links fällt der Blick in den **Rodderberg-Krater**, der mit einer mächtigen Löss-Schicht angefüllt ist. Als „Dust Trap" bezeichnen die Klimaforscher diesen Krater: Seit seiner Entstehung sammelten sich in diesem Loch Staub, Samen und Pollen, wie in einem Verzeichnis können die Wissenschaftler hier die Klimageschichte der Eiszeiten ablesen.

Kurz hinter dem Aussichtspunkt **„Heinrichsblick"** führt nach links ein mit Holzzäunen gesäumter Pfad auf die **Windkuppe**, einen Rest des Kraterwalls der zweiten Eruption des Rodderbergs. Hier beobachten wir wiederum die jüngeren Rodderberg-Tuffe, überwiegend basaltische Lapilli-Lagen mit wenigen Gesteinsbruchstücken des devonischen Untergrunds. Zahlreiche seltene Orchideen und andere Pflanzen blühen hier. Leider wissen die Schafe, die diese Hügel beweiden, nichts davon und fressen auch die seltenste Pflanze auf.

Wir gehen nach rechts, hangabwärts in Richtung Rhein, gelangen wieder auf die Fahrstraße, folgen ihr hangabwärts, bis es nach 100 Metern links ins Gebüsch geht, wo wir auf einen steilstehenden Basaltlavagang stoßen. Wir stehen hier in der Nordgrube des Rodderbergs. Der Lavagang drang einst in die Aschen des ehemaligen Kraterwalls ein, und rings um uns herum sehen wir an den Hängen Ascheschichten. Der Kraterwall wurde abgebaut, der Basaltlavagang dabei freigelegt und stehengelassen.

Der Basaltlavagang in der Nordgrube des Rodderbergs

Hoch über dem Rheintal das Restaurant am Rolandsbogen

Wir gehen auf der Fahrstraße zurück, biegen hinter der Bank nach rechts ab und gehen unterhalb der Windkuppe entlang, bis links wieder eine alte, recht zugewachsene **Lavagrube** auftaucht. Am Fuße der Abbauwand ließen sich auch einst Hauptterrassenschotter und die betonharten Maartuffe des Rodderbergs erkennen, heutzutage sind sie hier verschüttet.

Noch ein kleines bisschen weiter des Wegs und wir stehen wieder am **Parkplatz** neben der Kapelle.

Mächtige Buchenwurzeln unterhalb des Rolandsbogens

Basaltmauern säumen den Weg zum Rolandsbogen.

Lavagrube in den jüngeren Tephren des Rodderbergs

INFORMATION

Streckenbeschreibung: ausschließlich Wirtschaftswege
Schwierigkeitsgrad: leicht
Wanderzeit: 3 Stunden
Streckenlänge: 5 km
Höhenmeter im Anstieg: 160 m
Höhenmeter im Abstieg: 160 m

START- UND ZIELPUNKT

Wanderparkplatz auf dem Rodderberg neben der Broichhof-Kapelle

ANFAHRT

Mit dem ÖPNV: Regionalbahn bis Bonn-Mehlem, mit dem Bus bis Niederbachem, von dort zu Fuß von der Konrad-Adenauer-Str. die Vulkanstraße hinauf (Markierung Rheinhöhenweg)

Mit dem Auto: Broichhof, 53343 Wachtberg (Navi)

EINKEHR

Am Start- und Zielpunkt kann man in den Landgasthof „Gut Broichhof" einkehren und unterwegs auf halber Strecke in das Restaurant am Rolandsbogen, von wo man eine grandiose Aussicht über das Rheintal hat.

Landgasthaus „Gut Broichhof"
Gut Broichhof
53343 Wachtberg-Niederbachem
Tel. 0179-12 09 002
www.rodderberg.de/gasthaus
Mo. Ruhetag

Restaurant am Rolandsbogen
Rolandsbogen 0
53424 Rolandswerth
Tel. 02228-372
www.rolandsbogen.de
Mo. Ruhetag

Die südliche Lavagrube des Rodderbergs

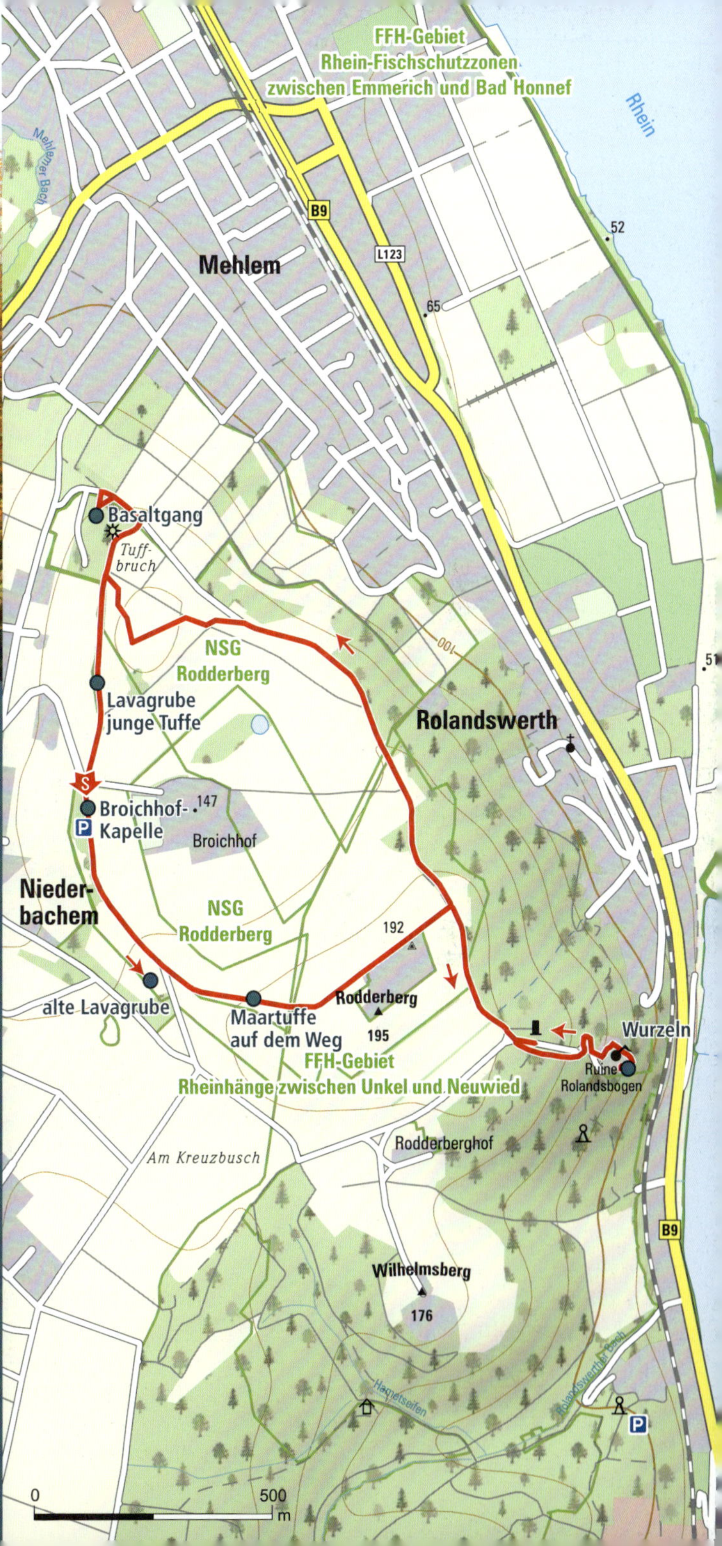
FFH-Gebiet
Rhein-Fischschutzzonen
zwischen Emmerich und Bad Honnef
Rhein
Mehlemer Bach
B9
L123
52
Mehlem
65
Basaltgang
Tuff-
bruch
100
NSG
Rodderberg
51
Lavagrube
junge Tuffe
Rolandswerth
S
Broichhof-
Kapelle
P
147
Broichhof
Nieder-
bachem
NSG
Rodderberg
192
alte Lavagrube
Maartuffe
auf dem Weg
Rodderberg
195
Wurzeln
Ruine
Rolandsbogen
FFH-Gebiet
Rheinhänge zwischen Unkel und Neuwied
Rodderberghof
Am Kreuzbusch
B9
Wilhelmsberg
176
Rolandswerther Bach
Hametseifen
P
0
500
m

TOUR 14

Über Sanddünen und Quarzit

Wahner Heide

Eiszeitliche Sanddünen im Sonnenaufgang

Es gibt Sedimente, die bilden sich nur während der Eiszeiten, zum Beispiel die Dünensande, wie wir sie in der Wahner Heide finden. Die Erdgeschichte des Rheinlands ist deshalb ohne die Betrachtung der Heideterrasse nicht vollständig und eine Tour durch diese Zeugen der Eiszeit also unumgänglich. Sande und Sümpfe der Wahner Heide lassen eine vielseitige Vegetation gedeihen. Im Frühling blüht hier der Ginster, im Sommer ist alles in das Violett des Heidekrauts getaucht.

Auf dem Parkplatz an der **„Waldwirtschaft Heidekönig"** starten wir; hier führt ein Waldweg in die Wahner Heide hinein, dem wir bis zur ersten Kreuzung folgen. Wir halten uns rechts und biegen in den Stellweg ab. Nun wandern wir durch eine mit Birken bestandene Landschaft, in der Farne wachsen und Fingerhüte blühen. Wenn es plötzlich mal richtig donnert, keine Sorge! Denn auch wenn die Wahner Heide jahrzehntelang Militärübungsplatz der belgischen Streitkräfte war, kommen diese Geräusche nur von startenden und landenden zivilen Jets des Köln-Bonner Flughafens in unmittelbarer Nähe. Überall auf dem Weg und rundherum erkennen wir Kieselsteine, vor allem kleine weiße, die Zeugnis davon sind, dass hier einst der Rhein entlangfloss. Es sind ehemalige **Rheinablagerungen** der Mittelterrasse.
Bald wird der Boden sandig und schon stehen wir auf dem **Telegrafenberg**, der mit 135 Metern über NN eine der höchsten Erhebungen der Wahner Heide ist und auf dem sich ein Sendemast befindet. Von hier aus haben wir einen schönen Blick weit über die im Spätsommer violett blühende Heidelandschaft, aber auch über die Landebahnen des Flughafens. Interessant ist, dass wir von hier oben die Flugzeuge unter uns sehen. Unser Weg führt uns vom Telegrafenberg wieder herunter, immer noch gehen wir auf sandigem Boden und vermissen dabei die Rheingerölle. Bei diesen Sanden handelt es sich um Dünensande, die hier in vegetationsarmen Zeiten – in diesem Fall während der letzten Eiszeit – vom Wind abgelagert wurden und die Rheinkiesel überdeckten.
An der nächsten Wegkreuzung liegt links vor uns ein kleines **Kiefernwäldchen**. Gehen wir dort hinein, stoßen wir auf eine **Grube**, in der das Bodenprofil eines Podsols sichtbar ist; sie wird immer wieder erneuert. Eine Infotafel erklärt das Profil. **Podsol** ist ein sehr ertragsarmer Boden, bildet sich häufig aus quarzreichen Sanden wie Dünensanden, kann wenig Wasser speichern, ist nährstoffarm und versauert

Die Calluna-Heide im Sonnenaufgang

schnell. Der Begriff „Podsol“ kommt aus dem Russischen und bedeutet Ascheboden, und unter einer dünnen Humusschicht folgt tatsächlich ein aschegrauer Bodenhorizont. Regenwasser löst aus der Humusschicht an der Erdoberfläche Huminsäure, die in den Boden sickert. Im Oberboden werden Huminstoffe, Eisen- und Aluminiumhydroxide gelöst, ausgewaschen und im Unterboden wieder ausgefällt, wo sie eine feste braune Schicht bilden. Schauen wir uns die umliegenden Hügel an, sehen wir auf der Erde immer wieder braune Eisenhydroxidkrusten mit bis zu 15 Zentimeter Dicke, die auf einen sehr eisenhaltigen Boden hindeuten. Es handelt sich um sogenannten **Ortstein**. Das ist eine rezente Fällung von Eisenhydroxid aus huminsäurehaltigen Lösungen im Kontaktbereich zwischen Mutterboden und Sand, die sich häufig in Podsolen findet. In frühen Zeiten wurde versucht, aus diesen Krusten Eisen zu gewinnen, allerdings ist der Eisengehalt dieser Lagerstätte sehr gering.

Zurück zur Wegkreuzung vor dem Kiefernwäldchen gehen wir geradeaus, bis wir wieder den breiten Stellweg erreicht haben. Wir folgen ihm nach links und gehen dann geradeaus in den Eichelhäherweg, bis nach links ein Pfad abzweigt, der mit rotköpfigen Pfosten markiert ist. Bald stößt der Pfad auf den Weg „Im Rehsprung“, wir biegen rechts ab und erkennen am Wegesrand immer wieder Mulden mit einem Durchmesser von mehreren Metern. Wir sind im Gebiet des **Ravensbergs**, wo in der Vergangenheit immer wieder Quarzit abgebaut wurde. Schon in der Altsteinzeit vor 300.000 Jahren kamen Menschen hierher, um dieses sehr harte und scharfkantige Material für Steinwerkzeuge zu gewinnen, denn in dieser Gegend gab es sonst weit und breit nur Sande und Kiese. Der Quarzit des Ravensbergs selbst gehört erdgeschichtlich ins Devon. Vor 400 Millionen Jahren lagerten sich im Devonmeer feinsandige Sedimente ab, die sich in den folgenden Millionen von Jahren während einer Gebirgsbildungsphase durch hohen Druck und

hohe Temperatur zu Quarzit verfestigten. Quarzit besteht nahezu ausschließlich aus Quarz, ist sehr hart und verwitterungsresistent und hat, wenn man ihn zerschlägt, messerscharfe Kanten.

Ein kleiner Pfad zweigt nach rechts ab, der **Ringelsteinweg**. Wir folgen ihm und gehen 300 Meter durch den Wald – wunderschön sind die alten knorrigen Baumriesen. Immer wieder sehen wir große, dunkle Gesteinsbrocken, bei denen es sich um Quarzit handelt. Wir erreichen die **Eremitage**; 1670 entstand hier eine Franziskanerklause, von der nur noch zwei Bildstöcke übrig sind und die der Kölner Erzbischof 1833 wieder abreißen ließ. Zwischen den Bildstöcken liegt eine gewaltige Quarzitplatte, die der Eremitage als Fundament diente. Bereits in der Jungsteinzeit vor 4000 Jahren hatte diese auch Ringelstein genannte Quarzitplatte mythische Bedeutung.

Wir gehen den Ringelsteinweg, den wir gekommen sind, wieder zurück und biegen nach rechts in den Weg „Im Rehsprung" ab. Der Weg führt hangabwärts, bis er kurz vor der Straße nach links auf den Ravensberg abbiegt. Auch dieser Weg ist mit Rheingeröllen übersät, auch hier wandern wir auf der Mittelterrasse des Rheins.

Wir biegen an der ersten Kreuzung nach rechts ab, es geht hangaufwärts. Oben angekommen ist links ein steiler, rechts ein flacher Abhang, der Hügel ist mit Bäumen bestanden, hier erinnert nichts an eine Düne. Und dennoch: Es ist eine eiszeitliche **Parabeldüne**, also eine große Düne, die quer zur Windrichtung liegt. Parabeldünen besitzen eine steile Seite, die dem Wind zugewandt ist, und eine flach abfallende Seite, die dem Wind abgewandt ist. Sie ist im Gelände erkennbar, es bedarf nur der Fantasie, sich die Landschaft ohne Bäume vorzustellen.

Wir folgen dem Weg geradeaus bis zum **„Gespaltenen Baum"**, folgen dort direkt der Wegkehre nach rechts und überqueren kurz darauf die alte Panzerstraße. Kurz darauf zweigt nach links der Weg hangaufwärts zum Fliegenberg ab. Der wiederum sehr sandige Weg führt uns durch Ginster, Eichen und Heidekraut. Der Ginster blüht von Mai bis Juni, das Heidekraut im August – dies sind die Zeiten, in denen sich die Heide ganz wunderbar farbig zeigt. Vom Weg am Gipfel des **Fliegenbergs** aus bietet sich uns ein schöner Blick über die Heide auf das Siebengebirge; wir erkennen den Ölberg mit dem Sendemast, rechts daneben Wolkenburg und Petersberg.

Die befestigte alte Eisenstraße, einst ein wichtiger Handelsweg

Nach der Wanderung bietet sich eine Einkehr im „Heidekönig" an.

Links geht es bald ins Gebüsch, ein Wegweiser zeigt den Abzweig zum Fliegenbergmoor, einem kleinen Moorgebiet, in dem sich eine typische Vegetation studieren lässt. Der Pfad führt hangabwärts, knickt bald scharf nach links und führt uns als „Quarzitgrubenweg" zum **Quarzitsteinsee**. Aber stopp: Zunächst bietet es sich noch an, an dieser Stelle nach rechts zu gehen und einen 500 Meter weiten Abstecher zum **Leyenweiher** (Wegweiser) zu machen, einem traumhaft schönen großen Weiher mit sehr vielen Seerosen, dem Lebensraum vieler Libellen und zahlreicher Seevögel. Auf demselben Weg kehren wir zurück.

Auf dem Weg zum Quarzitsteinsee fallen uns zahlreiche große Gesteinsbrocken auf dem Weg auf, auch hier handelt es sich um Quarzit. Dieses Gestein hat jedoch nichts mit Rheinablagerungen und Eiszeiten zu tun. Der Quarzit entstand bereits im Oligozän und im Miozän, also vor über 30 Millionen Jahren. Der See ist ein ehemaliger Quarzitsteinbruch, von 1882 bis 1965 wurde hier Baumaterial abgebaut. Fast laufen wir am See vorbei, denn er liegt versteckt im Wald, der Wanderweg führt rechts herum am See vorbei.

Wir folgen dem Quarzitgrubenweg wieder aufwärts zum Fliegenberg, der Boden ist voller Rheingerölle, denn wir wandern hier wieder auf Rheinterrassen, nicht mehr auf Sanddünen. In den großen Pfützen sehen wir zur passenden Jahreszeit im frühen Sommer Frösche und Molche. Und immer häufiger können wir nun auch wieder das laute Donnern hören: Neben uns fliegen gewaltige Flugzeuge – kurz vor ihrer Landung oder kurz nach ihrem Start.

Zahlreiche Amphibien laichen in den Tümpeln der Wahner Heide.

Ziegen im Heidekraut

Schafe und Ziegen beweiden die Wahner Heide, um die typische Heidevegetation zu erhalten und die Verbuschung zu verhindern.

Am **Kronenweiher** gehen wir links vorbei, bis wir an die Straße kommen. Ein kurzes Stück wird der Autoverkehr stören. Wir nehmen nach ein paar Metern den kleinen Pfad nach links bis zur Straßenkreuzung, überqueren die Straße und stoßen gegenüber auf den mit einer Eidechse markierten **Rundwanderweg** der Telegrafenberg-Tour. Wir folgen ihm auf einer alten Betonpiste nach links, bis wir wieder am „Gespaltenen Baum" stehen. Wir sind nun auf dem **Eisenweg**, einer alten Handelsverbindung zwischen Porz und dem Siegener Eisenerz-Bergbaugebiet, der wir geradeaus folgen, um so wieder in die Sanddünen zu gelangen, die wir bereits zu Beginn unserer Tour vom Telegrafenberg aus sehen konnten. In dieser Gegend ist auch die Wahrscheinlichkeit recht groß, dass wir auf den **Schäfer** mit seiner Herde von etwa 500 Bentheimer Schafen treffen.
Zahlreiche Fahrzeugpisten führen durch die Sanddünen, denn auch heute noch wird die südliche Wahner Heide vom Militär gelegentlich als Übungsgebiet genutzt. Wir müssen also nicht erstaunt sein, wenn statt der Schafe plötzlich Soldaten in Tarnkleidung aus dem Gebüsch auftauchen. Wir wandern durch die Sanddünen, wie es uns gefällt. Wenn wir den auffälligsten Hügel, den **Krammetshügel**, passiert haben, orientieren wir uns links und werden – wieder auf dem Stellweg – die Wegweiser zum „Forsthaus Telegraph" finden. Hier können wir uns zum Abschluss unserer Tour auf der Terrasse der **„Waldwirtschaft Heidekönig"** stärken.

INFORMATION

Streckenbeschreibung: überwiegend Waldwege, teils kleine Pfade
Schwierigkeitsgrad: leicht
Wanderzeit: 4 Stunden
Streckenlänge: 10 km
Höhenmeter im Anstieg: 25 m
Höhenmeter im Abstieg: 25 m

START- UND ZIELPUNKT

Parkplatz neben der „Waldwirtschaft Heidekönig"

ANFAHRT

Mit dem ÖPNV: RSVG-Linie 506 bis Haltestelle „Fliegenberg" und dort die Rundtour starten

Mit dem Auto: Mauspfad 3, 53842 Troisdorf (Navi)

EINKEHR

Am Start- und Zielpunkt liegt das Restaurant „Forsthaus Telegraph", zu dem auch die unmittelbar danebenliegende „Waldwirtschaft Heidekönig" mit wunderschöner Terrasse gehört.

Forsthaus Telegraph
Mauspfad 3
53842 Troisdorf
Tel. 02241/76 649
www.forsthaus-telegraph.de
Mo./Di. Ruhetag

Waldwirtschaft Heidekönig
Mauspfad 3
53842 Troisdorf
Tel. 02241/14 53 150
www.der-heidekoenig.de
Mo. Ruhetag

Blühendes Heidekraut im August

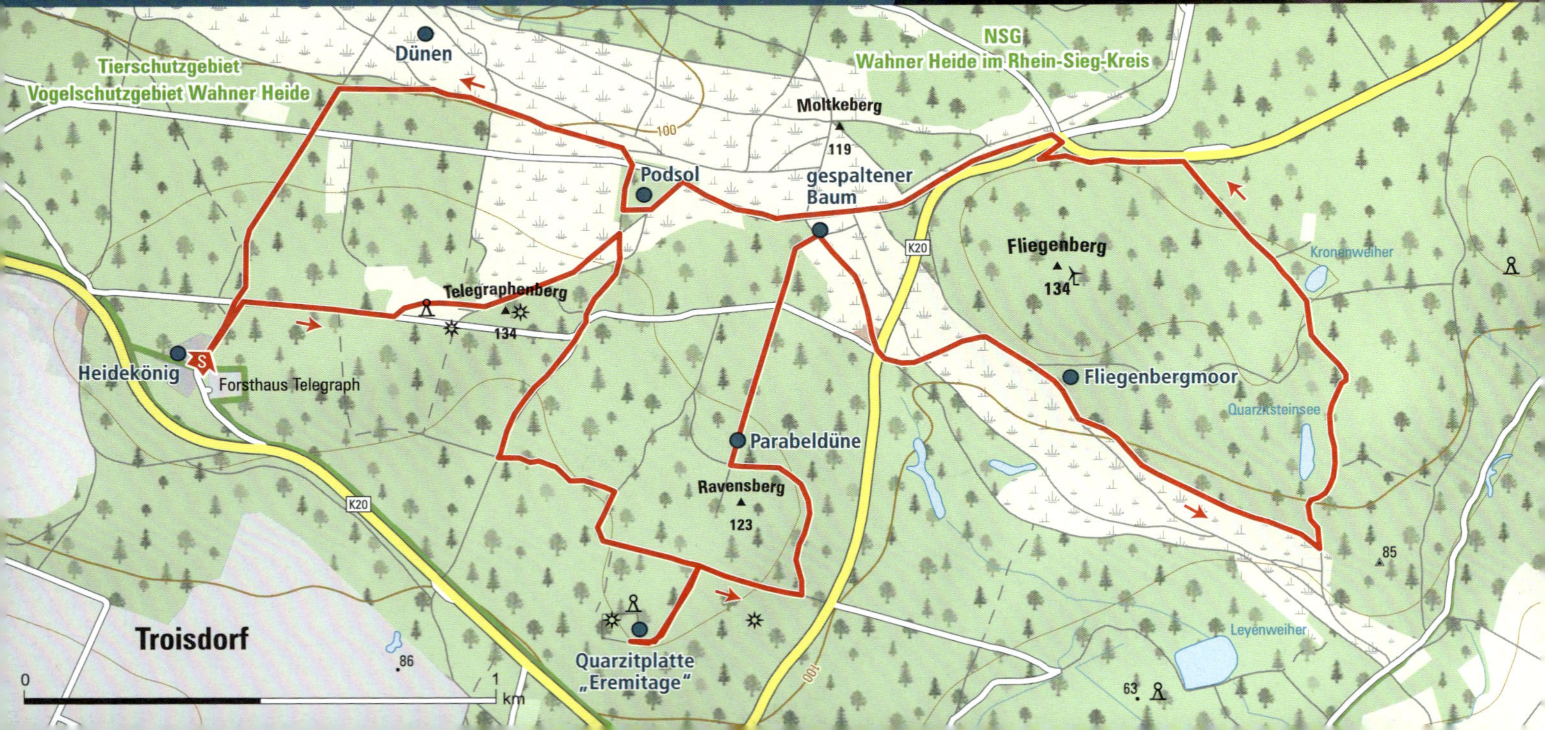

Dünen
Tierschutzgebiet
Vogelschutzgebiet Wahner Heide
NSG
Wahner Heide im Rhein-Sieg-Kreis
Moltkeberg
119
100
Podsol
gespaltener Baum
K20
Fliegenberg
134
Kronenweiher
Telegraphenberg
134
Heidekönig
S
Forsthaus Telegraph
Fliegenbergmoor
Quarzitsteinsee
Parabeldüne
Ravensberg
123
85
K20
Troisdorf
86
Quarzitplatte „Eremitage"
Leyenweiher
63
0
1
km

TOUR 15

Niederterrasse und Grundgebirge

Königsforst zwischen Rath und Rösrath

Typisch in den Fichtenwäldern des Königsforsts sind die großen Moospolster.

A auf den ersten Blick ist der Königsforst, durch den diese Tour uns führt, einfach nur ein Wald. Er ist sogar ein typischer Wald: ein Buchen-Eichen-Kiefern-Mischwald. Der Untergrund, auf dem er wächst, ist jedoch höchst interessant. Auf mächtigen Flugsanden des Pleistozäns (Eiszeitalter) stehen die Bäume im westlichen Teil, der Untergrund der höher gelegenen Regionen im Osten dagegen besteht aus devonischen Sandsteinen. Auch der Rhein, der hier entlangfloss, hinterließ Ablagerungen, die nun am Großen Steinberg bei Rösrath direkt auf 400 Millionen Jahre alten devonischen Meeresablagerungen liegen. Außerdem stoßen wir auf die wenigen Reste des einstmals weitverbreiteten Erzbergbaus im Königsforst.

Diese Tour startet im Königsforst am **Wanderparkplatz** am Rather Weg. Hier wählen wir den schnurgeraden Weg mit der Markierung „N", biegen dann nach rechts auf den Rennweg ab und folgen auch hier weiterhin der Markierung „N". An der ersten Wegkreuzung verlassen wir den Rennweg nach links und wandern jetzt auf dem markierten Bergmannspfad. Er führt recht lange geradeaus. Stetig geht es bergauf – es scheint im Königsforst regelrechte Berge zu geben. Oben angekommen biegen wir nach links in Richtung Kettners Weiher auf den Wolfsweg ab. Nach 100 Metern kommt eine Schutzhütte, daneben ein Gipfelstein: der **Monte Troodelöh**, mit 118,04 Metern der höchste Punkt auf Kölner Stadtgebiet. Der Gipfel ist erreicht!
Wir bleiben auf dem Wolfsweg, es geht hangabwärts, an der nächsten Wegkreuzung zweigt nach rechts der Pionier-Hüttenweg ab, wo wir die Tour abkürzen können. Links im Wald sehen wir zahlreiche Hügel, es sind Abraumhalden des ehemaligen Bergwerks **„Grube Galilei"**. Hier wurden bereits 1855 Blei-, Zink- und Kupfererze abgebaut. Tief in den Wald hinein reichen die Hügel gegenüber einer weiteren Schutzhütte an einer uralten Eiche, und auch Reste des ehemaligen Förderschachts sind im Wald noch zu finden. Auf einer Wiese, heute Wildwiese, fand einst die Erzaufbereitung statt; von den Anlagen ist heute nichts mehr zu sehen. Die Grube Galilei – bis zu 62 Meter tief wurde hier nach Erz gegraben – ist eine von vielen heute ehemaligen Erzgruben im Königsforst. Der Königsforst gehörte zum Bensberger Erzrevier, dessen größte Grube, den Lüderich, wir auf der Tour 5 besuchen. Die Relikte sind oft nicht mehr zu sehen oder im Wald nur schwer zu erkennen, aber manchmal gibt es Halden, alte Schächte und Reste von Grubengebäuden.

Am Kettners Weiher auf dem Weg zum Mordkreuz

ABKÜRZUNG

Der Pionier-Hüttenweg führt direkt zur Kaisereiche und von dort zum ehemaligen Bahnhof Forsbach, den wir im späteren Verlauf der Tour passieren werden.

Wir gehen weiter hangabwärts und biegen an der Kreuzung rechts ab. Zuvor aber gehen wir 30 Meter nach links und stoßen im Wald auf eine Station des **Bodenlehrpfads**. Hier lernen wir die Gley-Braunerden kennen. Es sind Böden, die sich auf silikatischen, kalkfreien oder kalkarmen Ausgangsgesteinen wie den hier vorkommenden Flugsanden entwickeln: oben eine geringe Humusschicht und darunter eine Anreicherung von Eisenoxiden, die während der Verwitterung entstehen. Gleye sind Böden mit hoch anstehendem Grundwasserspiegel. Ein grauer Bodenhorizont zeigt den Bereich, der ständig im Grundwasser liegt. Im Schwankungsbereich des Grundwassers werden gelöste Eisen- und Manganoxide ausgefällt.

Immer geradeaus führt unser Weg, an der nächsten Kreuzung folgen wir der Markierung des **Köln-Pfads** und stehen bald am **„Kettners Weiher"**, der durch den Stau des Wahlbachs entstanden ist. Unser Weg führt über die Staumauer zur Schutzhütte. Am Anfang der Staumauer sehen wir unten links im Wald einen Abfluss des Weihers; rostrot ist der Bachlauf, was auf Eisenhydroxide hindeutet. Ein wirklich romantischer Platz ist Kettners Weiher, aber die Staumauer wurde wahrscheinlich nicht errichtet, um verliebten Paaren romantische Stunden zu ermöglichen. Hinter dem Weiher quert der Weg einen herrlich naturbelassenen Bach, direkt danach folgt ein gepflastertes Wegstück.

Auch dieses Pflaster ist ein Relikt aus einer Zeit, als der Königsforst noch industriell genutzt wurde. Warum sonst sollte inmitten des Walds ein Weg gepflastert sein? Betrachten wir den Bachlauf links des Wegs, sehen wir ihn in lebhaften Mäandern durch den Wald ziehen mit wunderbaren Gleit- und Prallhängen. (Siehe auch Infokasten „Mäander und Umlaufberg", Tour 3.)

Allmählich wird es lauter, die nahende **Autobahn** kündigt sich an. Wir gehen vorher nach rechts und wandern jetzt auf der **Brüderstraße**, einst eine wichtige Handelsverbindung zwischen Köln und Bensberg. Plötzlich links, zwischen einigen Bäumen etwas versteckt sehen wir ein altes steinernes Kreuz: das Mordkreuz! Unfassbares geschah hier einst. Am 21. Dezember 1536 wurde hier Dietrich Rütger zu Drolshagen ermordet. Dieses Kreuz ist nicht nur Zeichen des Mords, sondern auch eines Sühnevertrags, mit dem verfeindete Familien ihre Blutfehde beendeten.

Etwa 200 Meter weiter biegen wir am **Fahrradknotenpunkt 75** nach rechts in Richtung Forsbach ab. Der ganze Weg liegt voller Rheingerölle, die nicht von der Forstverwaltung hier hingekippt wurden, um den Weg zu befestigen, sondern bei denen es sich um Ablagerungen der Mittelterrasse des Rheins, der vor 50.000 Jahren hier entlangfloss, handelt.

Hinter der nächsten Schutzhütte geht es links ab. Der Weg führt nun über einen auffällig hohen Damm, eine alte **Eisenbahntrasse**. Was waren es doch noch für Zeiten, als hier zwischen Köln und Lindlar Dampfloks schnauften! Die Strecke der Sülztalbahn führte von Köln-Mülheim über Bensberg nach Rösrath und von hier über Hoffnungsthal nach Lindlar. 1960 wurde die Strecke stillgelegt. Auf beiden Seiten des Wegs erheben sich plötzlich 3 bis 4 Meter hohe Wälle, denn die Bahnstrecke wurde auch als Munitionsbahn genutzt und musste entsprechend gesichert werden.

Der Weg überquert den nächsten Bach, unten im **Bachbett** und auch ringsum im Wald sehen wir Sandsteinplatten. Der Untergrund ändert sich: Während wir bisher auf eiszeitlichen Sanddünen und Rheinterrassen gewandert sind, kommt nun das devonische Grundgebirge zum Vorschein.

Ungefähr 500 Meter südlich des ehemaligen Bahnhofs Forsbach wurde im 19. Jahrhundert ebenfalls Erz abgebaut, hier lag die Buntmetall-Lagerstätte der ehemaligen **„Grube Vereinigtes Glückauf"**. Da die Trasse der Eisenbahn nur 150 Meter östlich der Grubenfelder vorbeiführt, kann man vermuten, dass Arbeiter beim Bau der Bahn auf einen Erzgang gestoßen sind. Vor der Stollenhalde der „Grube Vereinigtes Glückauf" sammelt sich Wasser mit Eisenoxiden aus dem eingestürzten tiefen Stollen.

Ein Brocken Quarzitkonglomerat am Rather Weiher

Das Mordkreuz an der Brüderstraße ist Zeuge tragischen Geschehens.

Die Kaisereiche, der berühmteste Baum des Königsforsts

Durch Eisenoxide rot gefärbter Bachlauf am Kettners Weiher

An der nächsten Kreuzung scheint sich der Wald zu einem Platz zu weiten. Nur noch eine Gedenktafel am Waldrand erinnert daran, dass hier einst der **Bahnhof Forsbach** war. Auch eine alte Verladerampe ist zu erkennen, wenn wir dem Weg auf der Trasse weiter geradeaus folgen. Am Ende der Wälle biegen wir nach rechts ab und folgen dem Weg hangabwärts Richtung **Pionierweiher**. Am bald nach links abbiegenden Wanderweg A3 entscheiden wir, ob wir einen 300 Meter langen Abstecher zum Weiher machen wollen. Es lohnt sich: Ein traumhaftes Fleckchen Erde erwartet uns mit einem wunderschönen Bachtal. Und auf dem Boden liegen auch hier wieder Rheingerölle.
Zurück vom Weiher auf dem Wanderweg A3 biegen wir vor der Naturwaldzelle auf den Wanderweg A1 nach links ab und gehen nun auf dem **Kölner Weg**. Etwas eingefallene Zick-Zack-Gräben beiderseits des Wegs sind Schützengräben aus dem Zweiten Weltkrieg – nicht immer war es im Königsforst so friedlich wie heute. Sobald es wieder leicht abwärts geht, haben wir den Gipfel des **Großen Steinbergs** passiert. Nur wenig später kommen wir am nach rechts abzweigenden Eingang zum alten **Steinbruch** auf dem Großen Steinberg vorbei. Hier wurden einst devonische Sandsteine abgebaut – eine geologisch wichtige Lokation, denn in diesem Gebiet kommt das 400 Millionen Jahre

alte Grundgebirge unter den quartären Deckschichten – in diesem Falle den Rheinterrassen – hervor. Bis hier oben reichen die Ablagerungen des Rheins, hier floss er vor 400.000 Jahren noch entlang. Aber Vorsicht: Es war nicht etwa das ganze Rheintal bis hier oben hin mit Wasser gefüllt und der Rhein ein reißender Strom. Das Bett des Rheins lag einst tiefer, das Bergische Land hat sich in den letzten Hunderttausenden von Jahren angehoben und die Rheingerölle nach oben verfrachtet.

Auf dem weiteren Weg finden wir immer wieder Rheingerölle, schön abgerollte Kieselsteine. Sie liegen im Wald und sie liegen auf den Wegen, als seien sie hier hingeschüttet worden. Es sind Rheinablagerungen der Mittelterrasse, die vor 400.000 bis 100.000 Jahren abgelagert wurden. Ein Stück östlich hinter dem Großen Steinberg finden sich Rheingerölle der 800.000 Jahre alten Hauptterrasse.

Es geht weiter, immer hangabwärts bis auf den Rennweg, dort rechts ab und länger geradeaus. Wir biegen in den zweiten Waldweg, nachdem wir einen Bach überquert haben, links ab und folgen diesem Weg Richtung Rather Weiher. Nicht zu übersehen: Wir wandern weiterhin auf Rheingeröllen. Kurz vor dem Rather Weiher durchqueren wir einen jungen **Birkenwald** mit regelrechter Tundren- und Sumpfvegetation. Am Ende des **Rather Weihers**, der langsam verlandet, steht ein riesiger Quarzitblock, in den viele Kieselsteine eingebacken sind. Da es im Königsforst keine passenden Quarzitvorkommen gibt, wird es sich um einen eiszeitlichen Driftblock handeln. Vor dem Quarzitblock stehend halten wir uns rechts und gehen 1,4 Kilometer geradeaus. Plötzlich führt unser Weg geradeaus nur noch als Reitweg weiter, an dieser Stelle biegen wir nach links ab und an der nächsten Kreuzung nach rechts. Dann stehen wieder am **Wanderparkplatz**.

Devonischer Sandstein am Großen Steinberg

INFORMATION

Streckenbeschreibung: ausschließlich Waldwege
Schwierigkeitsgrad: leicht
Wanderzeit: 4 bis 5 Stunden
Streckenlänge: 13 km (bei Abkürzung 11 km)
Höhenmeter im Anstieg: 119 m
Höhenmeter im Abstieg: 119 m

START- UND ZIELPUNKT

Wanderparkplatz am Rather Weg in Köln-Brück

ANFAHRT

Mit dem ÖPNV: leider nicht möglich
Mit dem Auto: Rather Weg auf Höhe des Klasheider Wegs, 51427 Köln (gegenüber Bethanien-Kinderdorf)

EINKEHR

Auf dieser Tour gibt es keine Einkehrmöglichkeit – Rucksackverpflegung ist empfehlenswert.

Historische gepflasterte Straße mitten im Königsforst

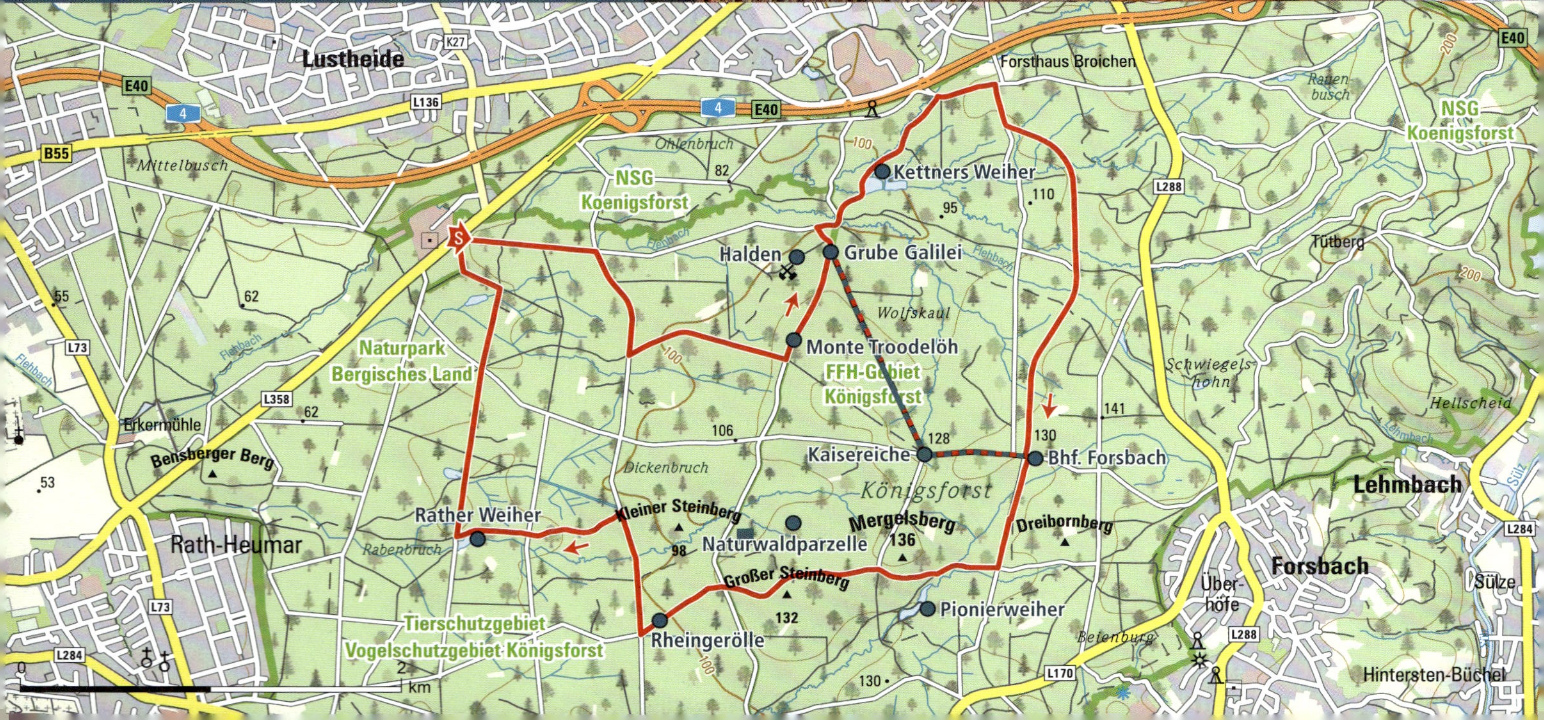

Lustheide
Forsthaus Broichen
E40
L136
K27
B55
Mittelbusch
Ohlenbruch
82
NSG
Koenigsforst
Kettners Weiher
95
110
Rauen-
busch
NSG
Koenigsforst
L288
Tütberg
200
Halden
Grube Galilei
Wolfskaul
Monte Troodelöh
FFH-Gebiet
Königsforst
Schwiegels-
rohn
Hellscheid
Naturpark
Bergisches Land
55
62
L73
Fliehbach
L358
Erkermühle
Bensberger Berg
53
106
Dickenbruch
Kaisereiche
128
130
Bhf. Forsbach
141
Königsforst
Lehmbach
Rather Weiher
Kleiner Steinberg
98
Naturwaldparzelle
Mergelsberg
136
Dreibornberg
Rath-Heumar
Rabenbruch
Großer Steinberg
132
Pionierweiher
Über-
höfe
Forsbach
L284
Sülze
L288
Tierschutzgebiet
Vogelschutzgebiet Königsforst
Rheingerölle
L170
Betenburg
130
Hintersten-Büchel
0
2
km

TOUR 16

Schätze am Rheinufer

Porz-Langel

Breite Geröllstrände bei Porz-Langel bei niedrigem Pegel

Das jüngste Kapitel der Erdgeschichte im Rheinland wird direkt am Rheinufer geschrieben. Die zahlreichen Kieselsteine am Rheinufer zeugen von der Geschichte des Flusses, erzählen uns von den Veränderungen seines Laufs und von den Ereignissen entlang der Ufer. Diese Tour führt zu schönen Kieselstränden am Rhein, an denen sich die Ablagerungen des Flusses ganz besonders gut untersuchen lassen, und durch einen der letzten Auenwälder am Rhein. Verwunschene Wege führen durch das Dickicht, zeigen eine Landschaft voller Pflanzen und Tiere, Treibholz schmückt das Ufer, und auf den weiten Geröllbänken lassen sich sogar Halbedelsteine, versteinerte Hölzer und manchmal sogar ein eiszeitlicher Zahn aufsammeln.

Der Ausgangspunkt für diese Tour liegt in der **Frongasse** in Porz-Langel hinter der **Kirche**. Wir gehen durch die Hochwassersperranlage geradeaus zum Rhein. Natürlich können wir schon vorher nach links in den „Langeler Lido" abbiegen, um zum einstigen **Langeler Strandbad** zu kommen. Ein gemütliches Restaurant ist dort am Campingplatz noch übrig geblieben, wo einst die Porzer Bevölkerung im Rhein badete. Wir können vor oder nach der Tour hier einkehren. Das Strandbad lag einst direkt am Rheinufer, aber der Rhein hat bis heute einiges an Sedimenten aufgeschüttet.

TIPP

Diese Exkursion ist sehr variabel und vom Wasserstand des Rheins abhängig. Ist der Pegel niedrig, dann liegen am Rheinufer weitläufige Kiesbänke frei, über die die Tour führt. Bei hohem Pegelstand kann sogar der Auenwald unter Wasser stehen, aber auch das ist ein Erlebnis. Sinnvoll sind in jedem Fall Gummistiefel, besonders gut können wir Rheinkiesel sammeln, wenn sie nass sind – ihre Farben und Strukturen kommen dann viel deutlicher zur Geltung.

Die Körbchenmuschel ist zum Ende der letzten Eiszeit in Europa ausgestorben und wurde im 20. Jahrhundert aus Asien wieder eingeschleppt.

Die **Teiche**, die wir direkt hinter der Hochwasserschutzmauer passieren, sind Überreste eines ehemaligen Altarms des Rheins. Es gibt nur noch wenige Gebiete entlang des Rheins, an denen Altarme oder zumindest deren Überreste zu finden sind. Im Norden Kölns existiert das Worringer Bruch, noch weiter nördlich bei Zons die Urdenbacher Kämpe. Diese Gebiete erinnern uns daran, dass der Rhein in historischer Zeit nicht so begradigt war wie heute, er schlängelte sich durch die Landschaft. Entlang des Rheins war es meist sumpfig, regelmäßig wurden diese Flächen überflutet. Ansiedlungen oder Verkehrswege gab es hier nicht.

Gehen wir zunächst also geradeaus bis zum Rheinufer und schauen, wie der Pegelstand ist. Ist er nicht zu hoch, liegen die Kiesbänke frei, auf denen wir wandern können. Aber Achtung: Der Rhein ist kein ungefährlicher Fluss und schon der Sog vorbeifahrender Frachter kann kleine Kinder ins tiefe Wasser ziehen. Am Rheinufer gehen wir nach links auf den **Rheinuferweg**, wir gelangen zum Fußballplatz und suchen einen der Pfade hinunter zum Rhein. Je nach Wasserstand des Rheins können wir nun über die Kiesbänke am Rhein entlangwandern und neben einem unübersehbaren Rheinkilometerschild einen kleinen Pfad durch den Auenwald nehmen, bis dieser auf den markierten **Wanderweg** (Kölnpfad) oberhalb des Rheins trifft. Stehen die Kiesbänke unter Wasser, biegen wir schon in Langel am Ende der Frongasse links auf den Wanderweg ab, folgen ihm vorbei am Fußballplatz, passieren das Freibad und gelangen so auch auf den **Kölnpfad**. Wir folgen ihm – so oder so – durch den Auenwald **„Lülsdorfer Weiden"** bis wir die ersten Häuser von Niederkassel erreichen. Hier halten wir uns am großen

Der alte Rheinarm bei Porz-Langel ist heute Revier des Anglervereins.

Stauwehr links und kommen auf den asphaltierten Rheinradweg, der auf einem Deich verläuft und auf dem wir zurück nach **Langel** gehen, bis wir unseren **Ausgangspunkt** wieder erreicht haben.

Die große tiefliegende Feldlandschaft, die wir auf dieser Tour beobachten können, ist von Deichen umsäumt, die einen **Retentionsraum** für den Rhein bilden. Bei einem Wasserstand von 10,64 Metern gemessen am Kölner Pegel beginnt die Flutung, das ganze Becken füllt sich und vermindert so hoffentlich die Hochwasserwelle, bevor die Kölner Altstadt vollläuft.

Uns interessieren jedoch am meisten die Kieselsteine am Rheinufer. Korrekterweise müssen wir Gerölle sagen, denn es sind Gesteinsbruchstücke, die der Rhein von seiner langen Reise durch verschiedene Landschaften mitgebracht und auf seinem Weg abgerundet hat. Sie wurden durch die Verwitterung aus ihrem ursprünglichen Gesteinsverband gelöst, gelangten ins Wasser und wurden so ins Rheinland gespült. Wir finden am Rheinufer **Granite**, die aus dem Schwarzwald und dem Odenwald stammen. Gelegentlich liegen auch **versteinerte Hölzer** am Rheinufer, die aus den Keuperlandschaften Süddeutschlands kommen. Sie sind nicht einfach zu erkennen und zeigen ihre ganze Schönheit erst, wenn sie geschnitten und poliert werden. Weiße **Quarzgerölle**, die wir hier ebenfalls finden, sind die Reste der Spaltenfüllungen, die sich bei der Faltung des variszischen Gebirges bildeten – näher beschrieben ist dies bei Tour 4. Der weichere, umgebende Sandstein ist verwittert, nur der harte, weiße Milchquarz ist noch übrig geblieben.

Begehrt sind aber vor allem **Achate**, die häufiger sind, als man denkt. Das Auge muss sich aber erst daran gewöhnen, sie zwischen all den gewöhnlichen Geröllen zu erkennen. Sie kommen aus der Nahe. Im Raum des heutigen Saar-Nahe-Berglands – dort liegt auch Idar-Oberstein – flossen im Erdzeitalter Perm vor 290 Millionen Jahren große Lavamassen aus und bedeckten viele Zehner Meter mächtig das Land. Lava ist gashaltig und auch hier entgaste sie, sodass sich große Kohlendioxidblasen bildeten. Da die Lava bereits zu zähflüssig war, blieben die Gasblasen in der Lava und bildeten Hohlräume. Heiße Wässer, in denen Quarz gelöst war, drangen aus dem Untergrund hinauf, durchflossen die Lava und schieden ihren Quarz – auch in der mikrokristallinen Form des Achats – bevorzugt in Hohlräumen wie diesen einstigen Gasblasen ab. Aufgrund ihrer großen Härte überleben die Achatknollen den weiten Weg bis ins Rheinland.

Besondere Funde, die wir auf dieser Tour machen können, sind auch die seltenen **Fossilien** eiszeitlicher Tiere, denn der Rhein, so wie er heute fließt, bildete sich während der letzten Eiszeit. Erst vor 1 Million

Angeschliffenes Quarzgeröll mit pfeilartigen Kristallstrukturen

Einer der seltensten Funde in den Rheingeröllen ist ein eiszeitlicher Mammutbackenzahn.

Abgestorbener Baum im Auenwald

Geschliffene Achate aus den Rheinschottern

Jahren erhielt der Rheinlauf ausreichend Wasser, um sich zum Strom zu entwickeln. Da nämlich begann die verstärkte Hebung der Westalpen, die nun zum Gebirge aufwuchsen und dem bis dahin überwiegend nach Süden abfließenden Wasser den Weg versperrten. Das Wasser suchte sich einen neuen Weg, den nach Norden. In den Kaltzeiten bildeten sich im Rheinland die Terrassen des Rheins aus Sand- und Kiesablagerungen, die zum Teil mehrere Zehner Meter mächtig sind. Während der Kaltzeiten verwitterten die Gesteine entlang des Rheins besonders kräftig, da der ständige Wechsel zwischen Frost und Auftauen das Gestein sprengte. Gleichzeitig war aber zu viel Wasser in den süddeutschen Gletscherbereichen als Eis gebunden, sodass der Rhein nicht die Kraft hatte, diese Trümmer abzutransportieren. Es bildeten sich die mächtigen Terrassen. In den Warmzeiten hingegen taute das Eis, der Rhein schwoll zum mächtigen Strom an und fraß sich in sein eigenes Schotterbett hinein. Nur rechts und links des Stroms blieben Reste des Schotterbetts bestehen: die Rheinterrassen. Die eiszeitlichen Ablagerungen liefern der Bauindustrie wichtige Rohstoffe und werden in Kiesgruben abgebaut. Des Öfteren findet man aber in den Rheinschottern auch die Knochen und vor allem die erheblich härteren Zähne von Hirschen, Wisenten, Mammuten oder Urpferden, die damals diese Gegend bevölkerten.

Lebensraum für viele Wasservögel
sind die Kieselufer des Rheins.

Gegenüber der Kieselstrände liegt
die Industrieanlage von Godorf.

INFORMATION

Streckenbeschreibung: Waldwege, am Retentionsbecken asphaltierter Radweg, am Rheinufer über Geröllstrand

Schwierigkeitsgrad: leicht

Wanderzeit: 3 Stunden

Streckenlänge: 6 km

Höhenmeter im Anstieg: 20 m

Höhenmeter im Abstieg: 20 m

(Die Tour ist bei Rheinhochwasser nicht möglich.)

START- UND ZIELPUNKT

Frongasse in Porz-Langel hinter der Kirche

ANFAHRT

Mit dem ÖPNV: KVB-Buslinie 164 zwischen Porz-Wahn und Siegburg-Bahnhof bis Haltestelle „Porz-Langel Kirche"

Mit dem Auto: 51143 Köln-Porz-Langel, Frongasse (Navi)
Parkmöglichkeiten finden sich auf der Frongasse hinter dem Hochwassertor.

EINKEHR

Am Anfang oder am Ende der Tour kann man zum ehemaligen Strandbad abbiegen und ins dortige Restaurant einkehren.

Strandbad Langel
Frongasse 18
51143 Köln
Tel. 02203/92 53 889
www.strandbad-langel.de
Di. Ruhetag

Achat aus den Rheingeröllen von Langel

L300
NSG
Am Godorfer Hafen
45
47
Godorf
Godorf
S
Parkplatz
Rheinkilometerschild
49
Rhein
Langel
43
Rheinkilometerschild
NSG
Luelsdorfer
Weiden
47
47
Lülsdorf
Schneppenhof
45
48
Wesseling
Wesseling
L300
0
500
m

Agglutinate – glühende Lavafetzen, die beim Vulkanausbruch aus dem Krater ausgeschleudert werden, meist rings um den Förderschlot zu Boden fallen und verschweißen. Ein Schlackenkegel besteht oftmals zu einem großen Teil aus solchen Agglutinaten (→ Schweißschlacken). Sie können klein sein, aber auch Größen von 2 Metern und mehr erreichen.

Asche – Material, das aus dem Vulkan ausgeschleudert wird. Es ist staubartig bis feinkörnig und besteht überwiegend aus zerspratztem Magma, aber auch zerkleinertem Nebengesteinsmaterial.

Aufschluss – Steinbruch oder natürliches Loch in der Erde, in dem Gesteine ans Tageslicht kommen.

basaltisches Magma – Magma mit einem Silikatgehalt < 52 Prozent.

Basaltlava – eine sehr harte, dichte, graue Lava, die in Form von Lavaströmen meist im späteren Verlauf der Eruption aus einem Vulkan ausfließt. In der Osteifel sind Basaltlavaströme meist wenige Kilometer lang und erstarrten bei der Abkühlung meist zu sechsseitigen Basaltsäulen.

Basaltsäulenbildung → Infokasten Tour 9.

Bims – Lava, die extrem schnell aus dem Vulkan ausgeschleudert wurde, sehr gashaltig war und abrupt abkühlte, weshalb das Gas nicht entweichen konnte, sondern Poren im Gestein bildete. Bims ist sozusagen aufgeschäumtes, vulkanisches Glas (ohne Kristallstruktur) und aufgrund der sehr hohen Porosität sehr leicht; es schwimmt auf dem Wasser.

Biotit – ein häufiges Mineral in Vulkaniten. Biotit ist ein Schichtsilikat, das heißt, die Atome der Kristalle sind im Kristallgitter schichtförmig angeordnet, weshalb die Kristalle des Biotits aus feinschichtigen Blättchen bestehen, die sich biegen lassen. Es handelt sich um eine ungewöhnliche Kristallart, die ganz anders ist als die säulenförmigen Kristalle beispielsweise des Bergkristalls. Biotitkristalle sind deshalb relativ leicht zu erkennen.

Brachiopoden – Meereslebewesen, im Erdaltertum sehr häufig, deshalb auch fossil sehr häufig. Sie werden auch Armfüßer genannt und haben muschelähnliche Schalen, die aber asymmetrisch sind und aus denen ein Stiel wächst, mit dem sich das Tier an das Substrat anhaftete.

Brekzie – Trümmergestein aus kantigen, nicht gerundeten Trümmern, durch ein Bindemittel wieder zum Gestein verbacken.

Buntsandstein → Infokasten Tour 6.

Crinoiden → Infokasten Tour 1.

Devon – Zeitalter der Erdgeschichte (vor 410 bis 360 Millionen Jahren), während dem im Bereich der heutigen Eifel ein großes Meeresbecken lag, in das Sedimente hineingeschüttet wurden. Diese kamen vom → Old-Red-Kontinent, der in etwa im Gebiet des heutigen Großbritanniens lag. Diese Sedimente bildeten die Gesteine des → Rheinischen Schiefergebirges. Es handelt sich meist um Sandsteine und Tonschiefer.

Dolomit – ein Carbonatgestein, in das Magnesium-Ionen eingelagert wurden. Aus Calciumcarbonat ($CaCO_3$) wird so $CaMg(CO_3)_2$. Die

Dolomitisierung des Kalks kann durch magnesiumhaltige Wässer erfolgen. Dolomit ist härter als Kalk und schlechter löslich, weshalb Karstformen (→ Karst) im Dolomitgestein weniger deutlich ausgebildet sind als im weicheren Kalkstein.

Eifel-Plume – unterhalb der Eifel aus dem oberen Erdmantel aus einer Tiefe von über 400 Kilometern in die Erdkruste bis in eine Tiefe von 40 bis 50 Kilometern aufsteigendes Magma. Aus dieser Struktur wird der Eifelvulkanismus genährt.

Erosion – Verwitterung und Abtragung.

Eruption – Vulkanausbruch.

Eruptionssäule – Säule aus in die Luft geschleuderter Lava und heißen Gasen über einem Vulkankrater.

Faltung – Faltenbildung. Auch feste, ursprünglich horizontal liegende Gesteinsschichten falten sich durch Druck (in geologischen Zeiträumen) wie ein Stofftuch.

Glutwolke – schwere Akkumulationen heißer (bis 1000 °C) vulkanischer Gase, die beim Vulkanausbruch aus dem Krater austreten und große Mengen an Feststoffen enthalten. Aufgrund ihres Gewichts steigen sie nicht auf, sondern rasen mit mehr als 100 Stundenkilometern hangabwärts.

Grauwacke – meist gräuliche Sandsteine des Erdaltertums mit hohem Anteil an Gesteinsbruchstücken (zum Beispiel Tonschiefer oder Quarzit).

Grundgebirge – das Basement, auf dem jüngere Schichten aufgelagert werden. Im hier betrachteten Exkursionsbereich sind die devonischen Gesteine das Grundgebirge, jüngere wie der Buntsandstein liegen als Deckgebirge obenauf.

Hauptterrasse – älteste, bis zu 800.000 Jahre alte Schotterablagerungen des Rheins, nur auf den Höhenlagen erhalten.

hydrothermale Lösung – eine wässerige Lösung im Erdinneren, in der Erzminerale und andere Minerale gelöst sind, mit Temperaturen unter 400°C und unterschiedlichem Druck.

Intrusion – flüssiges Magma, das aus dem Untergrund in überliegende, feste Gesteinsschichten eindringt und dort stecken bleibt und abkühlt.

Karbon – Erdzeitalter der Steinkohlebildung vor 360 bis 290 Millionen Jahren.

Karst → Infokasten Tour 2.

Kaue – Umkleideraum für Bergleute im Bergwerk. Schwarzkaue für dreckige Kleidung, Weißkaue für saubere Kleidung, dazwischen liegt die Waschkaue, in der geduscht wird.

Konglomerat – verfestigtes Trümmergestein mit abgerollten Komponenten.

Konkretion – knollen- oder linsenförmige oder vollkommen unregelmäßige Mineralausscheidung im Sediment.

Lapilli – Korngrößenbezeichnung für 2 bis 64 Millimeter große vulkanische Auswürflinge.

Latit – vulkanisches Ergussgestein, feine Grundmasse mit meist größeren Einsprenglingen.

Lava – Magma, das bei einem Vulkanausbruch an der Erdoberfläche austritt.

Limonit – ein häufig zu findendes eisen- und wasserhaltiges Gemisch verschiedener Eisenoxide. Limonit wird auch Brauneisenerz oder Brauneisenstein genannt und bildet sich in sedimentären, eisenhaltigen Gesteinen.

Löss – ein äolisches Sediment, das der Wind nur in Kaltzeiten ablagert.

Mäander → Infokasten Tour 3.

Maar – Produkt einer Vulkaneruption, bei der aufsteigendes Magma auf Grundwasser stößt, explosionsartig verdampft und die Eruption auslöst. Es bildet sich ein Explosionstrichter, gelegentlich mit einem Wall ringsum, aber es bildet sich kein Schlackenkegel.

Magma – glutflüssiges, geschmolzenes Gestein, das noch in der Erdkruste steckt (→ Lava).

Magmenkammer – eine „Blase" voll Magma relativ nah unter der Erdoberfläche. Dieses Magma wird beim Vulkanausbruch an die Erdoberfläche gefördert.

Old-Red-Kontinent – ein im Erdaltertum nördlich des heutigen Europas existierender Kontinent, seine Reste sind unter anderem Großbritannien, Grönland, Skandinavien und die nordamerikanischen Appalachen.

phreatomagmatische Eruption → Infokasten Tour 13.

Plagioklas – ein Mineral aus der Gruppe der Feldspäte, die die häufigsten Minerale der Erdkruste sind.

Plume → Eifel-Plume.

porphyrisches Gefüge – Gesteinsgefüge von magmatischen Gesteinen. Größere meist gut ausgebildete Kristalle liegen in einer feinen Matrix.

pyroklastische Ströme – vulkanische Glutwolke, die mit über 100 Stundenkilometern Geschwindigkeit und einer Temperatur von über 600 °C beim Vulkanausbruch aus dem Krater austreten kann und sich den Vulkankegel hinunterwälzt.

Quarzit – ein durch erhöhten Druck und erhöhte Temperatur verfestigter Quarzsandstein.

Quellkuppe – Magma, das bis ganz kurz unter die Erdoberfläche dringt, aber nicht eruptiert – sozusagen ein stecken gebliebener Vulkan, auch Subvulkan genannt.

Rheinisches Schiefergebirge – nachdem viele Millionen Jahre lang vom → Old-Red-Kontinent im Norden über 10.000 Meter mächtige Sedimente ins Becken des Devonmeers geschüttet wurden, wurden diese im nachfolgenden → Karbonzeitalter durch tektonische Bewegungen aufgefaltet und bildeten das Rheinische Schiefergebirge, von dem heutzutage nur noch der Sockel erhalten ist. Das gesamte Gebirge, einst mit den Alpen vergleichbar, wurde abgetragen. Zum Rheinischen Schiefergebirge gehören die heutige Eifel, das Bergische Land, das Sauerland, ebenso Hunsrück, Westerwald und Taunus.

Rheinterrassen – eiszeitliche Schotterablagerungen des Rheins, terrassenförmig an den Rheinufern.

Rippelmarken – an allen sandigen Meeresküsten zu findende Zeichen eines bodenberührenden Wellengangs im Flachwasserbereich. Fossile Rippeln zeigen, dass dort früher ein flacher, sandiger Meeresbereich war.

Schlacke – Lava, die aus dem Vulkan geschleudert wurde und rau, rissig und zerfetzt aussieht. Sie bildet fladenförmige Bomben.

Schlackenkegel – Vulkanberg, der während der Eruption rund um den Krater aufgehäuft wird.

Schweißschlacken – veralteter Ausdruck für → Agglutinate.

Seelilien → Crinoiden.

Siefen – tiefe Wasserablaufrinne in hartem Gestein mit steilen Seitenwänden.

Stratigrafie – Lehre von der Schichtabfolge und der altersmäßigen Korrelation der Erdschichten in der Geologie.

Stromatoporen – schwammartige Organismen, die Kalkskelette besaßen, in großen Kolonien wuchsen und teils sehr mächtige Riffe bildeten. Stromatoporen traten im Ordovizium vor 480 Millionen Jahren erstmals auf und starben zum Ende der Kreidezeit vor 70 Millionen Jahren aus.

Subvulkan – magmatische Schmelze, die in der Erdkruste in bis zu wenigen Kilometern Tiefe erstarrt ist.

Tektonik – Lehre vom Bau der Erdkruste und der in ihr wirkenden Kräfte.

Tephra – Sammelbezeichnung für vulkanisches Lockermaterial unabhängig von der Zusammensetzung des Materials und von der Größe der Partikel, die winzig klein oder auch riesengroß sein können.

Tephriphonolith – vulkanisches Gestein.

Trias – erdgeschichtliche Epoche von 250 bis 200 Millionen Jahren vor unserer Zeit.

Trilobiten – Urkrebse, Dreilappkrebse, ausgestorbene Gruppe der Arthropoden im Erdaltertum.

Tuff – verfestigtes vulkanisches Auswurfprodukt verschiedenster Korngröße.

Umlaufberg → Infokasten Tour 3.

variszisches Gebirge – ehemaliges, wieder verwittertes Gebirge, das als 500 Kilometer breites Faltengebirge vom französischen Zentralplateau durch West- und Mitteldeutschland bis in die Sudeten und polnischen Mittelgebirge zog. Die Gebirgsbildung erfolgte vom ausgehenden Devon und während des Unterkarbons. Rest dieses Gebirges ist das → Rheinische Schiefergebirge.

Sven von Loga

Sven von Loga studierte in Köln Geologie und arbeitet als freier Journalist und GPS-Trainer. Er leitet geologische Exkursionen im Rheinland, aber auch zur vulkanischen Inselgruppe der Kanaren. Seine fundierten Kenntnisse der Landschaft und Entstehungsgeschichte des Rheinlands vermittelt der zertifizierte Natur- und Landschaftsführer in Büchern, Zeitungsbeiträgen und als Dozent.